数智化
坚强电网

Digital-intelligent Resilient Power Grids

辛保安 等 著

中国电力出版社
CHINA ELECTRIC POWER PRESS

图书在版编目（CIP）数据

数智化坚强电网 / 辛保安等著 . -- 北京 ：中国电
力出版社，2025. 4. -- ISBN 978-7-5198-9932-5

Ⅰ. TM727-39

中国国家版本馆 CIP 数据核字第 20255JM381 号

审图号：GS 京（2025）0226 号

出版发行：中国电力出版社

地　　址：北京市东城区北京站西街 19 号（邮政编码 100005）

网　　址：http://www.cepp.sgcc.com.cn

责任编辑：孙世通　柳　璐

责任校对：黄　蓓　常燕昆

装帧设计：锋尚设计

责任印制：钱兴根

印　　刷：北京瑞禾彩色印刷有限公司

版　　次：2025 年 4 月第一版

印　　次：2025 年 4 月北京第一次印刷

开　　本：787 毫米 × 1092 毫米　16 开本

印　　张：16.25

字　　数：286 千字

定　　价：128.00 元

前　言

　　能源是经济社会发展的重要物质基础，事关可持续发展全局，加快能源绿色低碳转型是促进可持续发展的紧迫任务。随着新一轮科技革命和产业革命深入发展，数字革命浪潮蓬勃兴起，引领驱动经济高质量发展。能源变革和数字革命同步交织、相互激荡、相融并进，全球能源体系正在经历广泛而深刻的变革转型，向清洁化、电气化、网络化、普惠化、数智化方向发展。全球能源互联网作为清洁主导、电为中心、互联互通、智慧高效的能源体系，成为承载能源变革和数字革命的重要载体。实现能源生产清洁化、消费电气化，必须要有互联互通的坚强电网作为支撑。电网作为连接能源生产与消费的枢纽，是能源互联网发展的核心，将为推动能源电力转型发展发挥关键作用。

　　未来电网发展关键是建设数智化坚强电网，通过数字化、智能化技术与电网技术和业务深度融合，为电网赋能赋智、解难提效，打造网络新形态、数智新动能、发展新枢纽、合作新平台，构建气候弹性强、安全韧性强、调节柔性强、保障能力强、智慧互动强、互联融合强的新型电网，为促进能源电力绿色转型、产业升级、业态创新和生态构建搭建平台，实现更加绿色、更高质量、更有效率、更可持续发展。

　　本书秉承绿色、低碳、可持续发展理念，分析能源变革和数字革命相融并进发展大势，立足电网发挥的关键作用和面临的新要求与新挑战，提出数智化坚强电网的概念定义和发展框架，进一步深入阐述数智化坚强电网的核心要义、主要特征、发展重点和综合价值，系统论述了全球各大洲数智化坚强电网的发展基础与发展展望，为未来全球电网创新发展提供了思路和方向，为推动世界能源安全、清洁、高效、可持续发展提供了解决方案。

数智化坚强电网由辛保安创新提出。本书由辛保安总体策划、组织编写及统稿，共分 7 章。**第 1 章**深入剖析能源变革与数字革命发展态势，指明能源转型发展方向和载体，提出电网发展面临的新要求和新挑战，由辛保安、周原冰等编写。**第 2 章**系统阐述数智化坚强电网发展理念，提出总体发展框架，聚焦发展要义、特征、措施和价值等，开展深入论述，由辛保安、周原冰、郭攀辉等编写。**第 3 章**围绕坚强电网发展，提出坚强主网、配网微网、调节能力等方面的重点发展措施和技术应用实践，由辛保安、肖晋宇、赵杨等编写。**第 4 章**聚焦数智化坚强电网数智赋能，提出数字底座、数智应用、能源生态等方面的重点发展措施和技术场景实践，由肖晋宇、江涵、赵杨等编写。**第 5 章**研究提出亚洲、欧洲、非洲、北美洲、中南美洲和大洋洲构建数智化坚强电网的实践基础和发展展望，由梁才浩、陈晨等编写。**第 6 章**重点分析数智化坚强电网关键技术的发展趋势和攻关方向，以及促进数智化坚强电网的市场机制与保障政策，由侯金鸣、郑漳华等编写。**第 7 章**展望数智化坚强电网在未来发展中的角色和作用，由江涵、郑漳华、王睿等编写。本书在成稿过程中，得到了全球能源互联网发展合作组织刘泽洪、伍萱、李宝森、陈葛松、孟靖、孙蔚、文亚等同志的大力支持，提出了宝贵意见和建议，在此一并表示感谢。

数智化坚强电网是既契合当前新型电力系统和新型能源体系建设需要，又着眼未来经济社会环境长远发展的战略构想和创新举措，是关于未来电网发展的系统性、战略性方向谋划和创新性、科学性行动方案，对于加快全球能源绿色转型、应对气候变化、实现人类可持续发展具有重要意义。本书所论述的数智化坚强电网的发展理念和思路举措，是基于作者多年来对中国和世界能源电力发展战略问题的思考，特别是结合了国内外的创新实践和发展探索，同时参考总结了一些专家学者和组织机构的研究成果，希望对世界各国政府、能源电力部门、国际组织、相关行业企业制定政策机制、发展战略和规划研究有所帮助。

目 录

2 数智化坚强电网发展理念

3 坚强电网发展重点

4 数智赋能发展重点

5 全球数智化坚强电网

6 技术创新与机制保障

图表目录

（一）图目录

（二）表目录

1

能源转型与电网发展

　　能源是经济社会发展的重要基础。当前，新一轮科技革命和产业革命深入发展，能源变革和数字革命同步交织、相互激荡，全球能源体系正在经历广泛而深刻的变革转型。顺应清洁化、电气化、网络化、普惠化、数智化的发展方向，全球能源互联网作为清洁主导、电为中心、互联互通、智慧高效的能源体系，将发挥促进能源电力转型的重要载体作用。电网作为能源体系的重要枢纽和基础平台面临新的要求与挑战，将迎来创新与发展新篇章。

1.1   能源变革与数字革命

回顾人类能源发展史，人类对能源的利用历经生物质能源、化石能源、清洁能源三个阶段，能源发展与技术进步同步交织。每一次能源利用技术的重大突破和能源结构变化，反映了人类对能源需求的不断变化和对科技创新、可持续发展的追求。当前，全球科技创新空前活跃，能源变革和数字革命加速演进，融合发展迈开新步伐。

1.1.1   能源变革转型历程与规律

1. 发展历程

（1）生物质能源。

在人类历史早期，生物质能源占据主导地位。从远古时代开始，人们主要依靠木材、秸秆等生物质来取暖、烹饪和进行简单的生产活动。在这个阶段，人类对能源的需求相对较小，获取和利用方式也较为简单原始，生物质能源是当时最直接可得且易于利用的能源形式。生物质能源满足了早期人类社会的基本生存和发展需要，推动了农耕文明的发展。然而，生物质能源能量密度有限、运输不便，只能在一定范围内实现能源规模化生产和消费，且能源供应量决定能源消费量。随着社会进步和技术发展，寻找更高效的能源形式成为必然趋势，推动化石能源崛起。

（2）化石能源。

化石能源包括煤炭、石油、天然气等由远古生物质形成的不可再生资源。煤炭是最早被大规模开发利用的化石燃料。与薪柴相比，煤炭密度高、便于运输、生产不受季节限制。20世纪初，煤炭消费占比达到48%，超过薪柴成为一次主导能源，全球能源利用进入"煤炭时代"。石油是支撑现代工业体系的主导能源。与煤炭相比，石油燃烧值和燃烧效率更高，便于包装、储存和运输。20世纪60年代初，石油取代煤炭成为主导能源，全球能源利用进入"石油时代"。天然气成为化石能源转型桥梁。相对于石油和煤炭，天然气更为高效、低碳、清洁，在20世纪初开始商业化、大规模运作。

　　化石能源引领人类进入工业文明时代。化石能源具有"高能量密度、规模化生产、远距离输送、规模化消费"特点。第一次工业革命以来，化石能源开始进入大规模开发利用阶段，支撑了近现代工业发展。目前，全球化石能源消费呈现总量增加、结构优化、远距离配置规模扩大的发展态势，煤炭、石油和天然气等化石能源占全球一次能源消费总量的 80%。然而，20 世纪 90 年代以来，化石能源利用带来环境恶化和气候变化问题。化石能源利用产生的二氧化碳占全球二氧化碳总排放的 85%，是导致气候变化的主要原因。最近 100 年全球气温上升了 0.74℃。过去几十年，北极海冰的快速消融是全球最显著的气候变化现象之一❶。进入 21 世纪，国际社会更为关注可持续发展问题，更加重视开发利用清洁可持续的能源品种。

　　（3）清洁能源。

　　清洁能源主要包括太阳能、风能、水能、核能等。太阳能来自太阳辐射，是世界上资源量最大、分布最为广泛的清洁能源。太阳能发电是太阳能开发利用的最主要方式，主要有光伏发电和光热发电两种。风力发电是当前风能开发利用的主要方式，世界风电已经进入大规模发展阶段。水能技术成熟、经济性好、开发规模大，水力发电实现水能综合开发利用。核能在争议中逐步向前发展，核裂变是目前普遍应用的核电技术，核聚变是未来核电发展方向。此外，清洁能源还包括海洋能、生物质能、地热能等。

　　清洁能源构筑能源发展新格局。一是清洁能源资源丰富，保障能源供给。全球水能资源超过 100 亿千瓦，陆地风能资源超过 1 万亿千瓦，太阳能资源超过 100 万亿千瓦，可开发总量远远超过目前人类全部能源需求。清洁能源大规模开发能够从根本上解决全球能源总量供应问题，保障人类用能需求。二是清洁能源绿色低碳，保护生态环境。从全寿命周期来看，清洁能源开发利用过程产生的污染物排放远远低于化石能源，能够避免化石能源利用开发导致的环境污染问题。三是清洁能源增长迅速，开发潜力巨大。太阳能发电技术不断创新，光伏发电和光热发电成本快速下降。当前水电总体开发程度不高，未来还有较大空间。世界各国大力支持和发展风电，风能技术快速进步，风电呈加速发展趋势。1800—2023 年全球一次能源消费量见图 1.1。

---

❶ 资料来源：https://www.cma.gov.cn/2011xwzx/2011xqxxw/2011xqxyw/202308/t20230807_5698717.html.

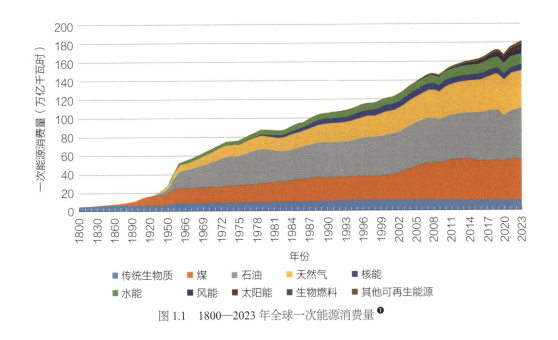

图 1.1   1800—2023 年全球一次能源消费量 ❶

2. 转型规律

（1）能源结构清洁低碳。

主导能源升级，能源体系朝着清洁低碳的方向发展。能源发展过程中，人类不断寻找更多种类的能源，以满足经济社会发展对能源的需求。随着需求变化和技术发展，主导能源不断升级。从 20 世纪初煤炭取代薪柴，到 20 世纪 60 年代油气取代煤炭，再到目前太阳能、风能、水能、核能的开发利用，总体朝着更加清洁低碳的方向发展，碳排放强度逐步降低。化石能源碳排放强度高，上百年来大规模开发利用化石能源积累下的问题逐步凸显，资源匮乏、环境污染、气候变化等全球性挑战促使人类加快能源清洁绿色转型进程。

（2）能源利用效率提升。

技术创新推动能源开发利用效率不断提升。第一次工业革命以前，作为能源的木柴和煤炭以直接热利用为主。18 世纪后期，蒸汽机技术创新开启煤炭大规模开发时代。19 世纪后期，蒸汽机技术的提升潜力越来越小。内燃机、电动机推动石油和电力登上

---

❶ 资料来源：Energy Institute-Statistical Review of World Energy（2024）；Smil（2017）-with major processing by Our World in Data.

历史舞台，能源效率和劳动生产率进一步提升。当前，化石能源效率的提升空间越来越小。电能的终端利用效率远高于化石能源直接利用效率，电动机效率可以超过90%，远高于蒸汽机、汽油内燃机、煤炭直接燃烧等。因此，大规模开发清洁能源并转化为电力，将大幅提升全球能源利用效率。能源利用从低效向高效发展示意见图1.2。

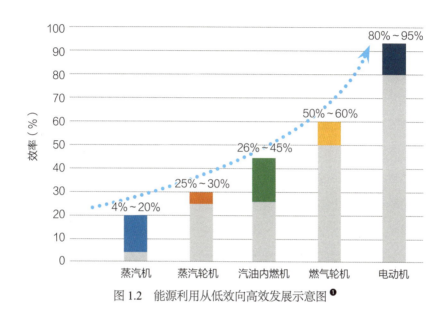

图 1.2　能源利用从低效向高效发展示意图❶

（3）能源配置广域拓展。

能源配置从局部平衡走向大范围优化配置。全球能源生产与消费具有明显的逆向分布特征。南美、中东的石油、天然气送到亚洲，远东西伯利亚的石油、天然气送到欧洲，距离长达数千千米。历史上，煤炭、石油、天然气、电力等系统都经历了由点对点供应向跨国、跨区网络化广域配置演变的进程。目前，全球约20%的煤炭、75%的石油、32%的天然气实现跨国跨洲配置，北美、欧洲等区域性互联电网已经形成，日输送电能可达数亿千瓦时。随着电力技术创新突破，电网在能源配置广域拓展方面发挥重要作用。

❶ 资料来源：刘振亚. 全球能源互联网［M］. 北京：中国电力出版社. 2015.

电网呈现出电压等级由低到高、联网规模由小到大、自动化水平由弱到强的发展规律。**电压等级提升**：随着电力系统容量逐渐扩大，电力负荷越来越高，对线路的输送功率需求越来越大，输电线路电压等级逐渐提升。1891年德国最早建设的交流输电线路电压为13.8千伏，2009年中国第一条商用特高压交流线路电压已提高至1000千伏。**联网规模扩大**：19世纪末至20世纪中期，电网规模很小，仅在局部实现电力平衡。电网资源配置能力不断提高，输电范围扩大。1000千伏特高压交流输电工程将传输距离提升到2000~5000千米。**自动化程度增强**：电网发展初期，自动化程度较低，电网故障经常导致停电。随着信息技术发展，现代电力系统已成为集成计算机、控制、通信、电力装备及电力电子装置的统一体，电网安全稳定水平大幅提升。

（4）能源技术融合集成。

能源系统形态随着新技术突破持续融合集成。技术创新是能源发展的根本动力。在蒸汽机、内燃机时代，能源技术发展仅局限于能源开发领域，煤炭、石油、天然气分别独自形成能源开发利用体系。直流电、交流电的发明让输电技术得到极大发展，电网的出现让人类发电、输电、配电、用电各环节技术都取得了飞跃性突破。能源电力与人工智能、大数据、物联网、第五代移动通信（5th generation mobile communication technology，5G）等现代信息通信技术和控制技术深度融合，形成具有高度可控性、灵活性的新一代智慧能源系统。随着能源开发利用技术越来越丰富，彼此之间的关联耦合也随系统复杂性的上升逐渐加深，融合集成程度持续深化。

电力系统是各类能源技术融合集成的重要平台。电力系统具备融合各类能源生产消费的能力和潜力，通过传统化石能源发电、高效清洁发电、先进输变电（特高压、柔性直流等）、大电网运行控制、储能等电力技术相互促进，不断创新突破，逐步将各类化石能源和清洁能源汇聚到以电力为重要媒介。在化石能源更多作为原材料利用的发展趋势下，电化学技术加快发展，为各类能源开发、传输、利用全环节提供了更广阔的融合发展空间。

1.1.2　数字革命发展历程与趋势

1. 发展历程

数字革命依托数字技术的发展和应用，通过挖掘与外化数字信息内含的价值，推动数字信息向要素化、商品化、产业化等方向发展，促进经济社会各领域发展与变革。迄今为止，人类社会经历的四次科技革命分别被概括为蒸汽革命、电气革命、信息革命和智能革命。数字革命作为一个宽泛概念，包括信息革命和智能革命的部分内涵❶。根据数字技术的发展演变，数字革命发展可分为计算机技术阶段、互联网技术阶段、新一代信息技术阶段，如图1.3所示。

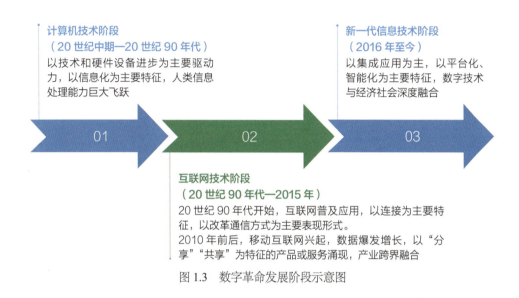

计算机技术阶段
（20世纪中期—20世纪90年代）
以技术和硬件设备进步为主要驱动力，以信息化为主要特征，人类信息处理能力巨大飞跃

新一代信息技术阶段
（2016年至今）
以集成应用为主，以平台化、智能化为主要特征，数字技术与经济社会深度融合

互联网技术阶段
（20世纪90年代—2015年）
20世纪90年代开始，互联网普及应用，以连接为主要特征，以改革通信方式为主要表现形式。
2010年前后，移动互联网兴起，数据爆发增长，以"分享""共享"为特征的产品或服务涌现，产业跨界融合

图1.3　数字革命发展阶段示意图

（1）计算机技术阶段。

数字革命的第一个阶段是计算机技术阶段，始于20世纪中期。1946年，第一台电子计算机埃尼阿克（electronic numerical integrator and computer，ENIAC）诞生，标志着人类开启数字革命时代。数字革命的计算机技术阶段，以技术和硬件设备进步为主要驱动力，以信息化为主要特征。从第一代电子计算机到晶体管计算机、集成电路计算机、微型计算机，计算机技术得到迅猛发展，计算能力不断提升，体积不断缩小，性能不断增强。以计算机为代表的信息处理技术标志着信息处理能力的巨大飞跃，方便数据的收集、存储、加工和处理。

---

❶ 资料来源：高奇琦. 国家数字能力：数字革命中的国家治理能力建设［J］. 中国社会科学，2023，（01）：44-61+205.

（2）互联网技术阶段。

20世纪90年代，数字革命进入互联网技术阶段。互联网技术起源于20世纪60年代，进入90年代，互联网开始真正普及。在计算机硬件和通信技术的快速进步下，信息技术通过网络将大量计算机"连接"起来，推动了全球互联网繁荣。中国于1994年正式接入全球互联网，融入全球数字革命浪潮。数字革命的互联网阶段，是信息传播与交流方式发生重大变革的时期，以连接为主要特征，以改革通信方式为主要表现形式。互联网技术的兴起深刻影响人类的生产生活，软件开发和技术创新步伐加快，促进数据的海量生产、交换和流动。

2010年前后，移动互联网掀起数字革命新浪潮。移动互联网是互联网与移动通信各自独立发展后互相融合的新兴产物，呈现出互联网产品移动化强于移动产品互联网化的趋势。智能手机和平板电脑等移动设备迅速普及，第三代、第四代移动通信等无线网络技术快速发展，使用户能够随时随地访问互联网。移动互联网的快速普及，推动全球数据爆发增长、海量集聚，数据的重要性日益凸显。移动互联网催生众多新的商业模式和产业，以"分享""共享"为特征的内容产品或服务涌现，产业跨界融合蓬勃兴起。

（3）新一代信息技术阶段。

2016年至今，数字革命进入新一代信息技术阶段❶。与前两个阶段由重大发明创造引领不同，新一代信息技术阶段是以集成应用为主，以平台化、智能化为主要特征，是数字技术加速与经济社会全方位深度融合的阶段。近年来计算机和互联网的复合应用，大数据、云计算、人工智能、物联网、区块链等新技术层出不穷，数字技术逐渐成为通用技术。2023年，大模型生成式人工智能聊天生成预训练转换器（chat generative pre-trained transformer，ChatGPT）的诞生，展现出人工智能广泛的应用前景和巨大的赋能潜力。新一代信息技术相互融合、协同发展，共同推动数字革命向纵深迈进。数字革命新一轮浪潮不仅改变人们的生活方式和工作方式，也引发产业结构深刻变革，带来社会发展模式的革新与重构。

---

❶ 2016年是计算机发明70周年、人工智能提出60周年、光纤通信提出50周年、微处理器发明45周年、量子计算机提出35周年、电子商务提出20周年、云计算提出10周年。从数字技术发展史来看，把2016年作为数字革命迈入新一代信息技术阶段的时间具有一定标志意义。

2. 发展趋势

（1）数据价值释放。

在要素层面，数据要素价值将加快释放。 数据是数字革命的核心生产要素。随着数字技术创新和迭代速度加快，数据快速融入生产、分配、流通、消费和社会服务管理等各个环节，成为驱动经济社会发展的重要力量。数据要素能够推动知识技术创新，优化科技创新要素配置，提升产业创新发展能力。未来，数字革命加速演进，数据要素价值加快释放，数据要素潜能激活，以数据为关键要素的数字经济规模将持续扩大，促进数字技术与实体经济深度融合，推动数字革命深入发展。

（2）技术创新引领。

在技术层面，数字技术创新将引领数字革命未来发展方向。 技术创新是数字革命的核心驱动力，决定数字革命的发展阶段和水平。未来，人工智能、大数据、云计算、物联网、区块链等数字技术将加速迭代创新，为数字革命发展提供坚实的技术支撑，加速全社会数字化转型进程。在技术创新的驱动和引领下，数字技术之间深度融合，形成更强大的技术生态系统，大量数字新产品将不断问世，算力更强劲、算法更先进、数据更庞大的数字经济新模式大量涌现，推动产业变革加速演进、融合发展。

（3）数字基建提速。

在基建层面，数字基础设施成为数字革命未来基石。 数字基础设施建设是数字革命发展的物质基础，是实现产业升级和创新发展的重要保障。宽带网络、移动网络连接加快普及，网络基础设施部署加快，5G 基站将迎来大规模建设。随着计算需求不断扩大，算力基础设施建设将加快。数据中心是高性能算力的核心载体，大型数据中心将成为未来建设重点。未来，高速互联的信息传输网络将构建，智能计算能力与智能计算方法发展应用，基础设施数据信息实现感知汇聚和智能计算，各领域基础设施加快互联互通，新型基础设施节能降耗、绿色低碳发展态势显著。

（4）数实深度融合。

在应用层面，数字技术与实体经济深度融合发展。 数字技术逐步成为新一轮科技革命下典型的通用型技术，具有强大的渗透与融合能力。数字技术与实体经济融合推动制造业、服务业、农业等产业数字化，对传统产业进行全方位、全链条的改造，赋能各行业发展。未来，新型数字技术将不断拓展其对社会改造的可能性，产业边界模糊，传统产业分类被打破，创新模式变革，形成全新的数字生态系统，加速新技术、新应用涌现，数字世界和物理世界将深度融合。

1.1.3　能源变革与数字革命相融并进

纵观人类能源变革与数字革命发展历史可以发现，能源技术进步是科学技术发展重要内容，科学技术进步决定能源未来发展趋势。当前，新一轮科技革命和产业变革突飞猛进，数字技术快速发展。数字革命将与能源变革同频共振、协同发力。

1.　数字革命驱动能源变革

数字革命促进能源技术变革。 数字革命呈现的信息—物理融合特性将推动能源领域技术和计算机、信息通信等领域技术体系紧密融合，开辟能源领域技术创新研究方向。能源大数据成为关键要素，工业互联网、物联网成为能源领域核心基础设施，人工智能和云计算优化能源系统运行和控制方式，区块链技术改变能源生产、交易、消费模式。数字革命推动能源科技创新进入持续高度活跃期，可再生能源、非常规油气、核能、储能、氢能、智慧能源等一大批新兴能源技术以前所未有的速度加快迭代，推动能源产业从资源、资本主导向技术主导转变。

数字革命促进能源生产变革。 数字革命推动能源生产的智能化和自动化，大数据分析、人工智能、智能传感设备和物联网技术能够深度挖掘能源生产数据，实现对能源生产设备的实时监测和远程控制，进行精准预测，提高能源转换和利用效率。数字革命推动能源清洁转型，数字技术统筹协同多源灵活性资源，解决清洁能源海量高比例接入与消纳带来的问题，提高清洁能源利用效率。数字革命丰富能源生产和供应模式，工业互联网、数字服务等新技术、新业态的发展，并催生新的市场主体，推动能源生产和供应模式从单一化模式转变为多元化模式。

数字革命促进能源消费变革。 数字革命提升能源消费效率，数字化与智能化用能辅助工具广泛使用，支撑用户对自身能效水平即时、全面感知，辅助用户进行用能决策，支撑综合能效分析和多环节协调管控优化，进一步推动能源电力系统运行优化与效率提升。数字革命催生能源消费新业态、新模式，终端消费用户通过智能终端设备实现对信息的即时接收和处理，做出多样化用能决策。传统的"物理能源"消费理念逐步过渡到

"能源、信息、服务"综合消费理念，满足用户清洁化、个性化、便捷化的能源需求，支撑能源服务策略以及能源交易、能效管理等增值服务，促进分布式电源、电动汽车、电能替代、供需互动等新型能源服务。

数字革命促进能源配置变革。数字革命改变能源传输模式，随着 5G 技术和物联网的成熟应用，能源行业将能够构建起数百亿能源设备和终端互联互通、数据毫秒级实时传输的工业物联网。5G 和新型储能的融合应用，有助于促进分布式电网、微电网、虚拟电厂等发展。数字技术保障能源配置网络的安全性和稳定性，数字技术能够应对能源网络的复杂节点和交互关系，实现能源的高效传输、共享和协同。智能化的大功率电力电子装备显著提升输电线路输送水平、增强电网供电可靠与安全防御能力，从而提高大型电网互联传输的安全可靠性，提升传输效率。

2. 能源变革推动数字革命

能源变革为数字革命提供海量数据资源。数字革命以数据为关键生产要素。随着能源与大数据理念的深度融合，能量流与信息流交互不断深化，能源大数据所蕴含的巨大价值不断凸显。能源变革为数字革命提供丰富的数据资源，释放数据要素价值，为数字技术的算法训练、模型优化、应用创新提供数据基础，促进数据分析、人工智能、物联网等数字技术在能源领域的深度应用，推动数字技术发展，提升数字技术对实体经济的赋能能力。

能源变革促进数字技术创新突破。随着能源变革持续演进，能源电力领域新技术层出不穷。新技术所依赖的传感器、数据分析和远程控制等功能，与数字革命关键技术具有高度相关性和协同性。能源变革将促进能源电力技术与数字智能技术深度融合，为数字技术提供技术示范和实践经验，促进关键核心技术攻关加快。能源变革带来可持续发展需求，对能源生产和消费进行精确监测和管理，促进数字技术在能源生产与监测、智能电表、能源交易平台等方面广泛应用，推动数字技术进步与升级。

能源变革为数字革命提供高效稳定的能源供应保障。数字基础设施是数字革命发展的物理基础，数据中心、网络设施、云计算平台、5G 基站等数字基础设施耗电量大。在全球绿色转型背景下，数字基础设施将带来大规模的绿色电力需求。2022 年全球数据中心用电量约 4600 亿千瓦时，占全球总用电量的 2%。2026 年，全球数据中心用电量可能达 1 万亿千瓦时 ❶。能源清洁低碳发展为数字基础设施提供高效稳定可持续的绿色用能保障,支撑数字基础设施稳定运行和大规模建设,促进算力水平持续提升和数字技术进步。

能源变革为数字革命拓展应用场景。能源变革带来产业结构调整,新商业模式层出不穷,为数字技术创造丰富的市场机会和应用场景。随着数字技术的应用场景向纵深拓展,能源电力将成为数字化应用场景的重要领域。清洁能源大规模开发为数字技术、智能设备提供广阔空间与市场机会,分布式能源发展催生基于区块链技术的能源交易平台。电力行业数字技术应用潜力大,人工智能与电力行业快速融合,电力成为大模型应用的重点细分垂直领域。能源变革与数字革命相融并进示意见图 1.4。

图 1.4 能源变革与数字革命相融并进示意图

---

❶ 资料来源:International Energy Agency,Electricity 2024 Analysis and forecast to 2026,2024.

1.2　能源电力发展方向与载体

　　顺应能源变革、数字革命发展大势，全球能源电力向清洁化、电气化、网络化、普惠化、数智化方向发展。全球能源互联网作为清洁主导、电为中心、互联互通、智慧高效的能源体系，成为承载能源变革和数字革命的重要载体，电网作为连接能源生产与消费的枢纽，是能源互联网发展的核心，将为推动能源电力绿色、低碳、可持续发展发挥关键作用。

1.2.1　发展方向

1. 清洁化

　　能源开发向清洁化方向发展。从薪柴、煤炭、油气到水能、风能、太阳能，全球能源发展总体呈清洁化、去碳化发展规律。在全球绿色转型背景下，能源开发环节不断调整供给结构，清洁能源逐步替代化石能源成为主导能源，推动化石能源回归工业原材料属性。清洁化发展能够从根本上解决人类能源供应面临的资源约束和环境约束问题，保障日益增长的能源需求，有力推动经济增长，是实现能源可持续利用的战略举措，也是未来能源发展的必然方向。

　　能源清洁化发展进入快车道。近年来，世界各国加大清洁能源开发力度。超过 130 个国家和地区设定了碳中和目标，全球新增可再生能源装机连续三年占新增总装机 80% 以上。2000—2023 年，全球可再生能源发电装机容量从 8.4 亿千瓦增长到 38.7 亿千瓦（见图 1.5），年均增长率 6.9%；全球风电、太阳能发电装机容量年均增长率分别达到 19%、38%[1]。2022 年，陆上风电和光伏发电的平均度电成本分别为 3.4、5 美分 / 千瓦时[2]。清洁能源加速成为全球主导电源，绿色低碳成为全球能源发展鲜明底色。2023 年，《联合国气候变化框架公约》第二十八次缔约方大会（28th Conference of the Parties to the United Nations Framework Convention on Climate Change，COP28）的会谈中，近 120

---

[1] 资料来源：International Renewable Energy Agency，Renewable Capacity Statistics，2024.

[2] 资料来源：International Renewable Energy Agency，Renewable Power Generation Costs in 2022，2023.

图 1.5 2000—2023 年全球可再生能源累计装机容量 ❶

个国家加入《全球可再生能源和能效倡议》，承诺在七年内至 2030 年，将全球可再生能源装机容量增加到目前的三倍，达到至少 110 亿千瓦。未来，清洁能源将逐步取代化石能源成为能源供应主体，清洁化、低碳化的能源生产方式将加快形成。

2. 电气化

能源消费向电气化方向发展。 能源消费电气化推动以电为中心，用电能替代其他终端能源，作为能源利用的主要形式，摆脱化石能源依赖，实现现代能源普及。随着电制氢、电制氨等电化学技术发展，电能通过多种方式实现各类有机物合成和原材料生产，促进清洁电力对化石能源终端利用深度替代。电能是清洁高效、使用便捷、调节灵活的二次能源。电气化水平提升能够提高能源利用效率，增加经济产出。电能消费占终端消费的比重每提高 1 个百分点，能源强度下降 3.7%。电能的经济效率是石油的 3.2 倍、煤炭的 17.3 倍，即 1 吨标准煤当量的电能创造的经济价值与 3.2 吨标准煤当量的石油、17.3 吨标准煤当量的煤炭创造的经济价值相当 ❷。

❶ 资料来源：International Renewable Energy Agency.

❷ 资料来源：刘振亚. 全球能源互联网［M］. 北京：中国电力出版社，2015.

全球电气化空间广阔。随着经济社会发展和能源加快转型，各种新型电力设施和发展模式不断涌现，电能使用规模和范围大幅拓展，全球电力消费量持续上升，见图1.6。目前，电能占全球终端能源消费比重从1971年的8.8%上升至20%以上，超过了煤炭、热力和天然气。商业和服务业电气化水平最高，提升速度最快；交通部门电气化水平最低，提升速度最慢。未来，以电为中心，多能互补转换逐步成为潮流趋势。高度电气化将成为未来社会的发展方向和显著特征，赋能人类美好生活。

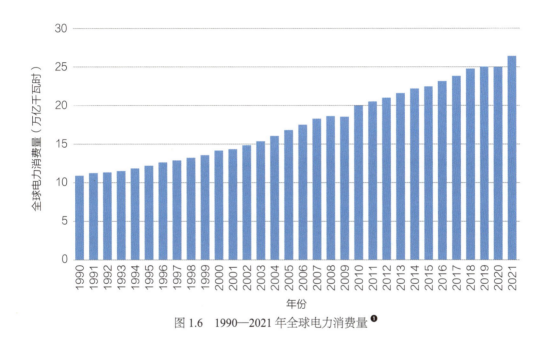

图1.6　1990—2021年全球电力消费量❶

3. 网络化

能源配置向网络化方向发展。全球能源资源与需求分布不均衡，加强能源电力基础设施网络互联，是实现资源共享、保障能源供应的重要方式。能源配置网络化形成覆盖全球、广泛互联的电力网络，实现大范围互联、远距离输送的能源优化配置，发挥大电网"时空储能"的关键作用，统筹全球时区差、季节差、资源差、电价差，加快水、风、光等各类集中式和分布式清洁能源规模开发和高效利用。能源配置网络化将促进能源大范围优化配置，促进不同国家和地区资源互补互济、余缺调剂，实现能源协同高效发展。

---

❶ 资料来源：International Energy Agency.

能源网络化快速发展，电网互联加快推进。20世纪中期以来，全球电网覆盖面积和规模越来越大，跨国电网建设和电网互联不断增强，国家之间电力交换规模越来越大。当前，全球许多国家和地区加快电网互联，欧盟出台措施加强成员国联网，非洲、阿拉伯国家、东南亚等地区电力互联正在加快推进。未来，在清洁主导、电为中心的能源格局下，电力系统将成为全球能源配置的主要平台，电网作为电力传输的基本载体互联规模将不断扩大、覆盖全球，跨国、跨区、跨洲的网络化电力优化配置将成为必然方向。2024年，《联合国气候变化框架公约》第二十九次缔约方大会（COP29）发起了《全球储能和电网承诺》（COP29 Global Energy Storage and Grids Pledge），倡议增强电网容量，到2030年增加或翻新2500万千米的电网 [1]。

4. 普惠化

能源服务更为普惠可及。随着技术创新降低全社会用能成本，全世界范围内逐渐实现覆盖面广、成本较低的现代能源服务，使清洁能源以低成本、低损耗、高效率、高质量的方式传输。在大洲之间、区域之间、国家之间优化配置能源资源，实现构建广泛互联的全球能源共享平台，为人类社会永续发展提供不竭动力。到2030年，全球无电人口下降一半以上。到2035年，通过微电网、离网、分布式光伏等方式，基本消除无电人口，促进能源包容转型。到2050年，全球将基本解决无电人口用电问题，实现人人享有清洁、可负担的可持续能源。

能源保障更为安全可靠。通过清洁能源集中式与分布式的并举协同开发，减少和消除地区之间的差异与不平衡，将实现低成本、充足的清洁能源供给，建立安全稳定的能源供需格局、绿色低碳的能源发展方式、互利共赢的能源合作关系、普适高效的能源治理体系。能源发展将较少地受到地缘政治、自然灾害、金融操控等因素的影响，更好地支撑经济社会发展。全球覆盖的电力网络以其强大的资源配置能力，保障水电、风电、太阳能发电等集中式和分布式电源大规模接入，实现供用电关系的灵活转换。依托数字化、智能化先进技术，可精确预测用电负荷，动态调整电力系统结构，自动预判、识别大多数故障和风险，高效应对各类自然灾害，使得能源供应安全保障能力大幅提高。

---

[1] 资料来源：https://cop29.az/en/pages/cop29-global-energy-storage-and-grids-pledge.

5. 数智化

能源系统向数智化方向发展。能源系统数智化以数据作为关键生产要素，融合数字技术与信息物理系统，实现技术、设备、产业等层面全环节、全链条的数字化智能化，重塑能源生产、配置、消费环节。在技术层面，"大云物移智链"等现代信息技术与能源电力技术深度融合，新能源发电、多能转换、系统控制等领域新技术层出不穷。在设备层面，传统能源电力设备与信息物理系统相融合，逐步实现数字化智能化，可靠性和运行效率不断提高。在产业层面，综合能源服务、平台业务、能源聚合商等新业务、新业态、新模式持续涌现，产业链格局和生态不断发生新变化。2024 年 COP29 会议，1000 多个国家政府、企业、民间组织、国际和地区组织以及其他利益相关方支持的《绿色数字行动宣言》中提出利用数字技术和工具开展气候行动，建设具有复原力的数字基础设施，确保数字、能源和气候政策与目标之间的相互支持。❶

全球能源数智化加速演进，电网成为发展重点。多国布局能源数字化智能化相关战略，加大相关投资。欧盟于 2022 年发布《能源系统数字化计划》，明确发展具有竞争力的数字能源服务市场和数字能源基础设施，并预计 2030 年前将在该领域基础设施方面投资约 5650 亿欧元。美国能源部于 2022 年发布 105 亿美元的电网弹性和创新伙伴关系计划，其中包括 30 亿美元的电网智能化投资计划，大规模资助和部署电网智能化技术。中国于 2023 年发布《关于加快推进能源数字化智能化发展的若干意见》，明确提出以数字化智能化电网支撑新型电力系统建设。

1.2.2　发展载体

1. 能源转型载体要求

能源电力转型发展涵盖能源生产、配置、消费全环节，面向清洁化、电气化、网络化、普惠化、数智化发展方向，加快实施能源生产清洁替代、能源消费电能替代是大势所趋，将清洁能源通过集中式和分布式方式转换为电能，依托电网高效输送到各类终端用户是必然要求。全球能源互联网是各类能源转换利用、优化配置和供需对接的枢纽平

---

❶ 资料来源：https://www.cma.gov.cn/ztbd/2024zt/20241104/2024110403/202411/t20241124_6707224.html.

台，将实现清洁能源在全球范围内大规模开发、远距离输送和高效率使用，促进形成清洁能源为主的能源供应格局和电为中心的能源消费格局，是承载能源变革和数字革命的平台载体。

2. 全球能源互联网发展理念

全球能源互联网是清洁主导、电为中心、互联互通、智慧高效的能源体系。全球能源互联网融合生产系统、配置系统、消费系统。生产系统以清洁能源为主导，"风光水火储"协同，配置系统以互联大电网为主，氢能及其他品种能源输送网络为辅，消费系统以绿色电力为中心，"电氢冷热气"互补转换。全球能源互联网以"清洁主导、电为中心、互联互通、智慧高效"为主要形态特征。**清洁主导**即清洁能源逐步取代化石能源成为主导能源，清洁能源发电逐渐成为装机和电量主体。**电为中心**即清洁电能替代煤、油、气，电成为能源消费的主体，电力系统成为能源体系的核心，全社会电气化水平大幅提升。**互联互通**即以电网为主要载体，推动能源网络广泛互联，依托数智化平台实现数字信息交互，通过电力网络连接、以电为介质的能源协调互补、多种能源网络融合等多样化方式实现广泛互联，利用时区差、季节差、资源差、电价差，实现清洁能源优化配置和高效利用。**智慧高效**即广泛应用数字智能技术，加快能源电力技术创新，促进清洁能源发电及并网、电网运行、用电更加安全智慧高效。全球能源互联网系统构成示意见图 1.7。

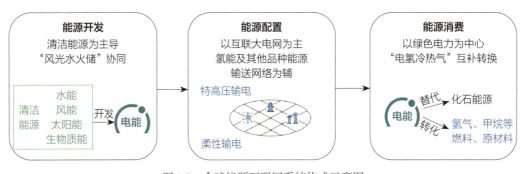

图 1.7　全球能源互联网系统构成示意图

全球能源互联网是安全、经济、高效地推动能源变革转型、实现可持续发展的重要载体。全球能源互联网对化石能源为主导的传统能源体系和发展方式全面升级，将为清洁能源大规模开发配置和经济高效利用提供基础平台，加快能源开发清洁化、能源消费电气化，推进电力互联互通，提升能源系统智能化水平，形成清洁低碳、安全高效、广泛互联的能源发展新格局。全球能源互联网推动可持续发展，将保障可持续、可负担的能源供应，促进解决气候环境问题，带动经济产业发展，消除贫困和饥饿，改善健康、教育和性别平等，推动各国更好应对资源、气候、环境等领域重大挑战，共同实现可持续发展目标。

3. 电网关键作用

能源生产清洁化与能源消费电气化需要互联电网支撑。能源生产清洁化将在能源开发环节形成清洁主导的能源生产系统，在清洁能源资源条件好的地区，大规模协同开发和外送太阳能、风能、水能等清洁能源，将各类清洁能源融入汇集至电网，尽早实现清洁能源为主导的供应结构。能源消费电气化将在能源消费环节形成电为中心的能源消费系统，发挥特高压输电和柔性输电技术优势，通过电网为各类用户、设备和系统提供灵活可靠、经济便捷的清洁电力，推动以电代煤、以电代油、以电代气、以电代柴，提高电能在终端能源消费的比重，促进形成以电为核心，电、冷、热、气、动力等多种用能形式高效互补、集成转化的新型用能系统。全球清洁能源资源与负荷中心呈逆向分布示意见图 1.8。

电网互联推动清洁能源规模化发展。清洁能源只有转化为电能，依托互联大电网，才能实现高效开发利用。电网为清洁能源提供消纳市场。清洁能源资源具有很强的地理区位性，资源分布不均，多数情况下远离电力消费中心。电力输送通道将清洁能源资源与相匹配的消纳市场进行连接，促进富集资源的规模化开发，大幅提高全球清洁能源开发利用效率。电网互联实现清洁能源跨时空互补。清洁能源出力具有随机性、波动性、间歇性，系统灵活性成为制约清洁能源发展的关键因素之一。大范围电网互联充分利用清洁能源资源跨时空互补特性，构建广域清洁能源资源优化配置平台，对具有多能互补潜力的清洁能源资源进行大范围优化配置，扩大各类电源的灵活调节范围，并实现灵活性资源的共享。

图 1.8 全球清洁能源资源与负荷中心呈逆向分布示意图

注：本图内各区域标注记仅表示专题学术研究范围，非地理范围。

电网互联推动电气化水平加速提升。电网为日益增长的电力需求提供保障。经济增长和电气化将推动电力需求大幅增长，新型用电设施广泛接入。电网连接电力生产和消费，在提高电力供给、保障供电质量、维护电力安全方面发挥至关重要的作用。同时，电网向兼具智能性、包容性和参与性的平台发展，推出创新型商业模式、电力服务和价值共享机会，拓展电能应用场景。电网优化能源分配，提高能源利用效率。电网是各类能源转换利用和优化配置的重要平台，通过高效的电网互联和智能调控，实现清洁发电与用电的实时平衡和匹配，提高电力系统的可靠性和稳定性，提高电能利用效率和经济性，促进电气化水平提升。

> 总体上，全球能源互联网是能源电力转型发展的重要载体，电网是构建能源互联网的核心。随着清洁化、电气化持续推进，电网技术的不断发展以及与数字智能技术的广泛融合，电网的形态和功能正在发生深刻变化，将由单一的电能输送载体，转变为具有强大能源资源优化配置功能的基础设施平台，广泛连接、功能多元、智能先进的公共服务平台，引领能源产业链和生态系统的发展动力枢纽，培育新质生产力、发展战略性新兴产业和未来产业的创新驱动引擎，深化国际能源合作、推动构建人类命运共同体的有机载体，成为全球能源电力变革转型的关键。

1.3 电网发展新要求与新挑战

随着电网功能作用的重要性不断提升，统筹推动能源绿色转型、应对气候变化、促进经济社会高质量发展，对电网发展提出了新要求，同时电网发展也面临着供应保障、安全稳定、平衡调节、市场机制等方面挑战。

1.3.1 电网发展新要求

服务绿色低碳发展。绿色低碳是解决气候环境危机的根本出路。2023 年全球平均气温比工业化前水平高 1.45℃，大量气候翻转事件正在被激活。研究表明，如果延续现有趋势，到 21 世纪末全球气温将比工业革命前升高 3.2～5.4℃。如果考虑各种正反馈机制带来的"加速效应"，大气温室气体浓度翻倍，全球温升可能会超过 5℃，极端情况下可能达到 7～10℃，从而使地球系统脱离正常和稳定的自然周期，由"温室地球"时代进入新的"热室地球"时代。能源行业是温室气体排放的主要领域，其中电力行业占比尤高。电力生产领域的二氧化碳排放量占全球总排放量的近 40%[1]。为落实《巴黎协定》提出的温升控制目标，推动实现全球碳达峰和碳中和，需要以电网基础设施为平台促进清洁能源大规模开发利用，推动整个能源系统低碳转型，为经济社会的绿色发展提供坚实基础。

保障供应安全可靠。能源是经济社会发展的重要物质基础。工业革命以来，化石能源的大量使用，有力促进了人类社会繁荣，但也带来资源匮乏、气候变化、环境污染、贫困健康等突出问题，加快发展清洁能源成为大势所趋和全球行动。风光等清洁能源储量丰富，全球风能、太阳能、水能等年出力潜力相当于化石能源剩余可采储量的 38 倍，需要转化为电能大规模高效开发利用。需要电网提升清洁能源资源配置能力，适应清洁能源发电特点，有效应对供需波动，实现电能通过输配环节以光速直接到达消费者，构建清洁化多元化广域化能源供应体系，打造能源安全共同体，从根本上解决由于化石能源消费依赖带来的能源的供应安全问题。

顺应数字转型大势。当前科技革命和产业变革日新月异，数字经济迅猛发展，深刻改变着人类生产生活方式。2023 年，美国、中国、德国、日本、韩国等 5 个国家数字经济总量超过 33 万亿美元，同比增长超 8%，数字经济占 GDP 比重为 60%[2]。随着能源变革转型加速推进，数字革命浪潮蓬勃兴起，两者深度融合、相互促进，数字技术广泛应用到能源电力各领域。适应新能源大规模高比例并网和消纳要求，支撑分布式能源、储能、电动汽车等交互式、移动式设施广泛接入，需要电网利用数字化智能化技术，促进源网荷储协调互动，推动电网向更加智慧、更加友好的方向发展。

发挥平台引领作用。人类社会发展至今，经历了从薪柴到煤炭、从煤炭到油气的两次能源转型，相应催生了以蒸汽机、内燃机为动力标志的两次工业革命，推动社会生产

---

[1] 资料来源：International Energy Agency.
[2] 资料来源：中国信息通信研究院，全球数字经济白皮书，2024.

力实现新跨越、人类文明实现新飞跃。当前，在新一轮科技革命大潮面前，需要电网既作为优化资源配置、供应清洁电力的平台，也作为连接各类网络、促进科技创新发展、推动产业优化升级的重要承担者，实现能源、材料、信息等各类新技术的集成式聚合式突破，支撑电力流、信息流等在更大范围流动，不断催生新的经济模式和新型价值创造方式，推动更宽领域、更深层次、更高质量的互联互通，为实现能源变革、推动产业变革和促进经济社会可持续发展构筑平台载体。

1.3.2 电网发展新挑战

供应充裕挑战。天气气象情况等外部条件将成为影响系统供应的重要因素。接入电网的电源有效保障容量逐步降低，风电出力间歇性、波动性特点明显、不确定性强，光伏出力较为稳定，但仅能在白天提供电力支撑，无法为晚高峰提供保障。新能源出力的波动性与不确定性导致其参与系统平衡的有效保障容量远低于常规电源，供应保障能力偏低且不稳定。新能源出力不确定性叠加对系统的弱支撑能力，加重了由于长期静稳天气过程导致的"小风寡照"等小概率、高影响天气下新能源高占比电力系统的脆弱性。新能源发电受气象条件驱动，长期静稳天气下大规模并网发电功率低于额定出力，可能带来较长时间的电力供应不足，特殊气象条件下可能引起新能源出力快速下降与负荷需求增加矛盾，电网保供风险增大。

安全稳定挑战。随着新能源接入和交直流混联电网建设，系统"双高"（高比例新能源、高比例电力电子设备）特性凸显，新旧稳定问题交织。由于新能源等静止发电设备大量替代旋转发电设备，降低了系统惯量、弱化了电压支撑，频率稳定、电压稳定等传统稳定问题进一步恶化。同时，大量电力电子设备并入电网，增加了电网发生宽频振荡的风险，电力系统将呈现多失稳模式耦合的复杂特性。电网涵盖的分布式电源、新型储能、灵活负荷等多元可控对象不断增加，送受端、交直流、各电压等级的耦合将越来越紧密，电力系统形态极端复杂，将使得单一故障产生的影响不断扩大，联锁故障风险持续累积。同时，新型电力设备的大量应用使设备运行维护难度加大，如以电力电子技术为基础的电能变换与控制装置、大规模储能设备、远海风电接入相关装备等，在电网中运行时间较短、应用范围相对较小，缺乏经过大量实践检验的、行之有效的维护方法。

平衡调节挑战。快速增长的新能源不断消耗总体调节资源。从日内来看，新能源短时间尺度的波动性对电网调节能力提出了极高要求。新能源成为电网主力电源后，为满足用电需求必须超量装机，其瞬时电力波动规模将攀升至接近甚至超过负荷水平，需要匹配足够的灵活可控调节能力。从季节来看，新能源季节分布与负荷呈现"反调节"特性，电网需要足够的电量调节能力。当前技术条件下，电网中具备季节性电量调节能力的电源主要为大型火电、水电，受一次能源供应、装机容量"天花板"等制约。

复杂调控挑战。分布式能源与新型电气化用电负荷快速发展，户用光伏、分散式风电广泛接入，电动汽车、电采暖、智能家电等可调节负荷大量应用，使得能源生产和消费端的交互模式发生了根本性变化，传统的集中式电力系统面临着如何管理和协调数以亿计的分布式资源的巨大挑战。电网调度复杂性剧增，需要实时监测和控制大量的分布式能源和负荷，传统的调度中心和控制手段难以满足需求。数据处理和通信面临巨大压力，大量设备的实时数据需要传输和处理，现有的信息通信基础设施无法支撑。

透明公平挑战。为了充分调动激发系统中各类资源，需要实现高水平的数据和信息共享。不同利益相关方之间的信息壁垒可能导致竞争不充分，限制资源的灵活性和可调度性，分布式能源供应商、消费者和其他利益相关方如果无法全面了解市场和电网运行状态，将导致他们无法有效地响应价格信号或调度指令。电力行业的各参与方，包括发电企业、输配电公司、用户和设备制造商等，如果缺乏充分的信息共享，就难以开展协同创新。例如在开发智能家居能源管理系统时，设备制造商需要了解电网的需求和用户的用电习惯，信息的不透明将阻碍新技术和新产品的研发。

市场运营挑战。新能源大规模发展，系统成本将进一步提升，加大市场设计难度。新能源利用成本除场站本体成本外，还包括灵活性电源等投资、系统调节运行成本、大电网扩展及补强投资、接网及配电网投资等系统成本。未来，新能源预计将持续大规模发展，若无法得到有效疏导，将影响全社会供电成本。系统涉利益主体日益庞杂交织，电网供需结构和生态发生重大而深刻的变化，电网发展成为涉及全社会的系统性问题，靠单一主体难以有效完成，需要建立多利益主体主动参与机制，电网运行运营效率也面临重大挑战。

总之，电网作为网络性、基础性、规模性、开放性的基础设施，是集电能传输、资源配置、市场交易、智能互动于一体的能源网络平台。传统电网已无法适应发展新要求和新挑战，迫切需要遵循清洁化、电气化、网络化、普惠化、数智化方向，顺应数字化智能化发展趋势，推动电网转型升级和高质量发展，打造更加安全、绿色、智能、开放的能源互联网发展核心，为加快能源电力系统安全高效、绿色低碳转型，促进数字化智能化技术创新发展，推进实现碳达峰碳中和，服务经济社会创新发展提供平台支撑。

1.4　小　　结

　　纵观人类能源史与数字革命史，能源发展经历生物质能源、化石能源、清洁能源的发展历程，呈现结构清洁低碳，利用效率提升、配置广域互联、技术融合集成的发展规律。数字革命历经计算机技术阶段、互联网技术阶段、新一代信息技术阶段，呈现数据价值释放、技术创新引领、数字基建提速、数实深度融合的发展趋势。能源变革与数字革命同步演进，深度融合发展。

　　全球能源正处在大发展、大变革的时代，以清洁化、电气化、网络化、普惠化、数智化为方向的能源电力转型步伐加快。全球能源互联网作为以清洁主导、电为中心、互联互通、智慧高效为主要特征的能源体系，是促进能源电力转型发展的重要载体。电网作为连接能源生产与消费的枢纽、推动能源生产清洁化与能源消费电气化的平台，是构建全球能源互联网、加快全球能源电力转型的关键。面对发展新要求和新挑战，需要加快推动电网转型升级，促进绿色低碳可持续发展。

2

数智化坚强电网发展理念

　　顺应能源变革与数字革命相融并进发展大势，立足电网在推动绿色低碳可持续发展中的关键作用，面向电网发展的新要求与新挑战，需要坚持战略思维、全局思维、创新思维、辩证思维，秉持绿色低碳、创新发展、自然和谐、命运与共的发展思想，利用前沿数字智能技术和先进能源电力技术为传统电网赋能，打造网络新形态、数智新动能、发展新枢纽、合作新平台，构建以气候弹性强、安全韧性强、调节柔性强、保障能力强、智慧互动强、互联融合强为主要特征的数智化坚强电网，为实现能源电力更绿色安全、更高质高效、更可持续发展提供方向指引和平台载体。

2.1　总　体　框　架

　　基于对绿色发展、气候变化、能源变革、数字革命、电网建设等领域历史经验、现实问题和长远发展的认识和思考，提出数智化坚强电网的概念定义，围绕根本目的、基本原则、发展基础、核心要义、主要特征、发展重点、综合价值等方面，形成数智化坚强电网总体发展框架，提供建设数智化坚强电网的行动指南和行动纲领。

2.1.1　概念定义

　　数智化坚强电网是以特高压 / 超高压坚强电网为物理基础，以电力电网技术和数字化智能化技术深度融合为驱动，具有气候弹性、安全韧性、调节柔性、智慧互动、互联融合等鲜明特征的新型电网。数智化坚强电网发展框架见图 2.1。

图 2.1　数智化坚强电网发展框架

2.1.2　发展框架

1. 根本目的

数智化坚强电网发展根本目的是依托数字智能技术赋能电网高质量发展，确保电力安全、绿色、高效、智能供应，保障经济社会发展和民生用电需求，促进绿色低碳可持续发展。

2. 基本原则

数智化坚强电网发展基本原则是安全为基、绿色为要，创新引领、数智驱动，统筹兼顾、协同增效，开放融合、共建共享。

安全为基、绿色为要：统筹发展和安全，以保障安全为前提推动电网转型升级，确保支撑性电源和调节性资源占比合理，各级电网协调发展、结构坚强可靠，系统承载能力强、资源配置水平高、要素交互效果好，防灾抗灾和应急保障能力强，网络和信息安全有力保证。厚植绿色底色，面向形成清洁主导、电为中心的能源供给和消费体系，以电网为平台推动能源供给侧实现多元化、清洁化、低碳化，能源消费侧实现高效化、减量化、电气化。

创新引领、数智驱动：牢牢把握能源变革和数字革命趋势，围绕能源清洁转型的总体目标，在电网全链条和各环节全面连通物理世界与数字空间，利用新技术、新方法挖掘数据背后的新规律、新范式，数字化智能化技术深入融合嵌入电网发展，实现规划、生产、运营、分析、仿真等系统各环节能力和效率的进阶式提升。加快推动前瞻性、引领性、颠覆性技术创新，加快人工智能、数字孪生、物联网、区块链等数字技术在能源领域创新应用，推动跨学科、跨领域融合，加大技术、政策、管理创新力度，全面激发数字技术与能源产业融合发展活力。

统筹兼顾、协同增效：坚持系统观念，立足能源体系、电力系统视角考虑新型电网建设，加强电网各环节和源网荷储统筹协调和集成优化，促进能源电力协同、供应需求协同、主网配网协同、源网荷储协同，实现源网荷储多要素协调互动，多形态电网并存，多层次系统共营，多能源系统互联，实现高质量供需动态平衡。充分发挥市场机制作用，以科学供给满足合理能源电力需求，转型成本公平分担、及时传导，系统整体运行效率高。

开放融合、共建共享：依托电网强大辐射能力和互联互通功能作用，通过数据资源作为新型生产要素充分流通和使用，带动能源网络各环节的互联互动互补，推动创新链产业链资金链人才链深度融合，促进跨行业协调运行和价值共享，共同打造优势互补、互利共赢的能源新生态。推动全球各大洲、地区和国家的电网互联互通，提升能源国际合作质量和水平，以互联电网为载体推动构建硬联通和软联通协同的立体互联互通网络，为世界经济增长注入新动能，为全球发展开辟新空间，为国际经济合作打造新平台。

3. 发展基础

数智化坚强电网发展基础是新型电网基础设施和新型数字基础设施。**新型电网基础设施**是深度应用柔性交直流、可再生能源友好接入、源网荷储协调控制等能源电力技术，构建特高压和超高压电网骨干网架、协调发展的各级电网。**新型数字基础设施**是深度应用大数据、云计算、物联网、人工智能、边缘计算、数字孪生、区块链、安全防护等数字技术、先进通信技术、控制技术，构建网络基础设施、算力基础设施、应用基础设施。

4. 核心要义

数智化坚强电网发展要义是网络新形态、数智新动能、发展新枢纽、合作新平台。**网络新形态**是主配微协同、交直流混联、绿色化产消的网络形态。**数智新动能**是全维度感知、高智算支撑、全环节赋能的数智动能。**发展新枢纽**是多要素联动、多能源互补、多网络融合的发展枢纽。**合作新平台**是产业链贯通、生态圈构建、全方位合作的合作平台。

5. 主要特征

数智化坚强电网发展特征是气候弹性强、安全韧性强、调节柔性强、保障能力强、智慧互动强、互联融合强。**气候弹性强**，是数智化坚强电网应对天气气候影响的能力特征。**安全韧性强**，是数智化坚强电网防范抵御扰动冲击的能力特征。**调节柔性强**，是数智化坚强电网开展系统灵活调节的能力特征。**保障能力强**，是数智化坚强电网调配统筹资源要素的能力特征。**智慧互动强**，是数智化坚强电网融合应用数智技术的能力特征。**互联融合强**，是数智化坚强电网连通汇聚能源生态的能力特征。

6. 发展重点

数智化坚强电网发展重点包括坚强主网建设、配网微网建设、调节支撑保障、数字底座升级、数智赋能提效、能源生态构建、科技创新攻关、市场机制建设。

7. 综合价值

数智化坚强电网发展价值是能源创新发展、经济繁荣共享、社会和谐包容、环境清洁美丽、治理协同高效。**能源创新发展**是构建能源配置平台，实现安全绿色发展。**经济**

繁荣共享是孕育数实融合新机，实现共同繁荣发展。**社会和谐包容**是联通社会生产生活，实现开放包容发展。**环境清洁美丽**是推动生态环境保护，实现清洁美丽发展。**治理协同高效**是推动国际治理协作，实现合作共赢发展。

2.2　核　心　要　义

数智化坚强电网作为贯彻新发展理念、适应新发展要求、应对新发展挑战的新型电网，是推进新型电力系统和新型能源体系建设的核心环节、保障能源安全的必然选择、推动数字化智能化创新发展的关键动力、促进碳达峰碳中和的支撑平台、发展新质生产力的有力措施、加强能源互联互通和国际合作的重要抓手、实现绿色低碳可持续发展的有机载体，在电网形态、数智赋能、枢纽升级、合作拓展四个维度实现转型升级和高质量发展。

电网形态方面，数智化坚强电网在网络体系安全可靠协同、交流直流技术组合应用、电源负荷泛在高效接入等领域实现创新升级，呈现出主配微协同、交直流混联、绿色化产消的网络新形态。

数智赋能方面，数智化坚强电网在物联感知和信息通信、数云协同和算力算法、电网运行和管理运营等领域赋能赋值赋智，展现出全维度感知、高智算支撑、全环节赋能的数智新动能。

枢纽升级方面，数智化坚强电网在源网荷储互动互促、清洁能源互补互济、多类网络互融互通等领域发挥核心枢纽作用，呈现为多要素联动、多能源互补、多网络融合的发展新枢纽。

合作拓展方面，数智化坚强电网在电力产业链上下游协同、能源生态圈构建拓展、国际能源合作和人类命运共同体建设等领域开展创新合作，成为产业链贯通、生态圈融合、全方位互联的合作新平台。

总体上，**网络新形态**是基础保障，**数智新动能**是核心支撑，**发展新枢纽**是根本定位，**合作新平台**是关键功能，共同构建了数智化坚强电网的"四位一体"核心要义。

2.2.1 网络新形态

数智化坚强电网作为建设新型电力系统和新型能源体系的核心平台，网络形态呈现为主网、配网、微网多级协同，形成多元双向混合层次结构网络，电源并网、组网互联、用户接入采用多类型交直流方式，交直流互联大电网和局部直流电网融合发展，集中式和分布式清洁能源因地制宜、灵活高效开发消纳，传统和新型负荷柔性接入、协同互动，实现主配微网协同融合、交流直流多态混联、海量资源聚合互动、多元用户即插即用，打造坚强可靠网络平台。数智化坚强电网核心要义总体框图见图 2.2。

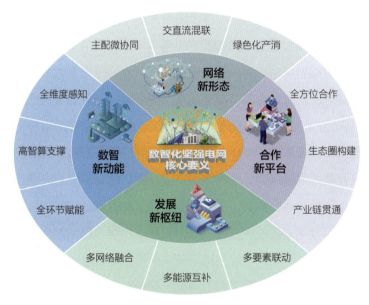

图 2.2　数智化坚强电网核心要义总体框图

1. 主配微协同

电网形态呈现纵向主配微分层、横向差异化分群格局，由"输配用"单向逐级输电网络向多元双向混合层次结构网络转变，由以具有转动惯量的常规电源、单向供电为主向具有高比例电力电子化新能源、双向供电的方向转变，"大电源基地"与"分布式"兼容并举，交直流混联大电网、柔性直流电网、主动配电网、智能微电网等多种电网形态并存，主干网、配电网与微电网之间实现分层分级协同调控、各级源网荷储协同运行、海量资源配置协同互动、集中式和分布式新能源协同消纳、全网电力供需协同平衡，共同保障系统安全稳定运行。

主网架（输电网）坚强可靠，向多类接入、多能互补和灵活调控的广域配置平台转变。构建结构清晰、功能明确的各级电网架构，送端网架适应大规模多元化可再生能源协同开发和汇集外送，受端网架适应远距离大容量可再生能源受入消纳和多直流馈入，电力联网规模和柔性互联水平持续提升，形成分层分区、柔性发展、互联互济、适应性强的主干网架。跨区跨国跨洲输电规模持续扩大，电网互供互援、备用共享水平不断提升，促进可再生能源广域输送和深度利用，风光水多类资源在送端—受端、送端区域间、受端区域间等广域时空互补互济，确保电力系统安全稳定运行和电力可靠供应。构建主配网均衡发展的坚强可靠电网，推动大电网规模合理、结构坚强，交流电网与直流电网互联互济，配电网、分布式电源、微电网与大电网之间边界清晰、安全可控，有效支撑新能源加快发展、新型交互式用能设备大量接入，更好实现有源配电网、微电网、局部直流电网等新形态电网与大电网协同发展。

配电网智能灵活，向双向有源、高度互联、灵活重构、多元互动形态发展。配电网由"无源"单向辐射向"有源"双向交互系统转变，由传统单一配电服务向有源化、直流化、多元化的新一代配电网转变，系统潮流由单向自然分配向多向随机分布转变，总体呈现分层分区互联的网架结构，局部呈现交直流混联的网络形态。承载海量分布式能源、微电网、新型储能、综合能源、产消一体柔性负荷等多元要素的友好接入和灵活调用，有效支撑大规模分布式新能源的可靠并网和高效消纳，供电保障能力、综合承载能力、能源普惠能力持续提升。高压配电网以链式结构为主，中压骨干网以架空多分段适度联络和电缆环网为主，其他新形态作为补充，呈现分层、分区的群团化组网形式。综合利用电力电子、信息通信、人工智能等技术提升配电网灵活性，实现分布式发电功率灵活控制、配电网架灵活切换、运行方式灵活调整，采用配电台区、变电站、电网分区交直流柔性互联、跨区互联等方式灵活组网和动态分区，快速响应分布式电源及负荷不确定性变化，提升电力安全可靠供应能力。统筹考虑经济社会发展规划、供电范围、负荷特性、用户需求等特点，深化配电网网格化、差异化规划，配电网从单一供配电服务主体向主动平衡区域电力供需、支撑能源综合利用的资源配置平台转变，实现配电网与资源聚合商、分布式电源、储能、充电场站和微电网等在内的配微协同控制，局部区域具备自治平衡能力、实现电力电量就近就地平衡。

网络新形态总体示意见图2.3。

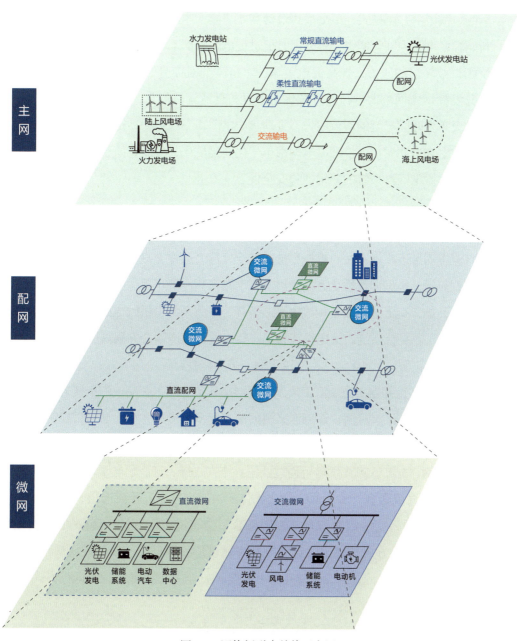

图 2.3   网络新形态总体示意图

微电网自治协同，向自我控制和自治管理、与大电网互补共生方向发展。微电网融合分布式电源、用电负荷、配电设施、储能、监控和保护装置等，打造具有自我控制和管理功能的小型发配用电系统，强化自主调峰、自我平衡能力，平滑接入配电网或独立自治运行。微电网并网模式、孤岛模式灵活高效切换，内部电源、负荷、储能等智能协同，新能源发电和内部可调资源相匹配，促进配电网内部不可控资源可控化，实现就地就近平衡，减轻消纳压力，提高供电可靠性。将微电网打造为柔性可调的资源聚合单元，充分发挥微电网的源网荷储资源优化配置与灵活管控能力，整合内部秒级、分钟级、小时级等多时间尺度的调节能力，主动参与电网功率调节和稳定支撑，推动配电网与微电网的融合协同调控。推动微电网由单一化向集群化、多能化拓展，采用集群协调控制技术增强微电网群系统的稳定性和安全性。

2. 交直流混联

交直流电网形态广泛存在、有机衔接、融合发展，柔性交直流、直流组网等新型输电技术深度应用，电网向柔性化方向发展。电网接入高比例可再生能源、高比例电力电子设备特征凸显，交流直流设备构成比不断下降，电力系统由机械电磁系统演化为功率半导体／铁磁元件混合系统，机电暂态和电磁暂态过程由弱耦合向强耦合转变，电网由"交流为主、直流为辅"演化为"交直流混联、多类型并存"。

电源并网交直流并存。源端汇集接入组网形态从单一的工频交流汇集接入电网，演进为工频／低频交流汇集组网、直流汇集组网接入等多种形态并存。通过常规交流方式接入电网外，大型风光发电基地可通过高压柔性直流接入电网，海上风电可通过低频交流方式接入电网，分布式风光发电可通过低压直流方式接入直流配电网。

组网互联交直流融合。输电网络从交流骨干网架、直流远距离输送、区域交流电网互联为主，演进为交流组网与直流组网融合、交直流电网互联、局部直流电网并存。在现有交流组网方式基础上，直流电网可通过建设单母线、多母线或环网结构，以及单一或多电压等级的局部直流输电网和配电网，与各电压等级、各运行方式的交流电网灵活无缝连接。

用户接入交直流灵活。面向分布式电源、储能设施、直流负荷等多样化的接入需求，建设交直流混合配电网，实现常规负荷可通过交流方式接入电网，数据中心、电动汽车充电基础设施、直流工业设备、轨道交通和移动式用户等直流负荷可直接利用直流电，允许分布式光伏直接并网，分布式风电摆脱并网前逆变环节，同时通过柔性直流线路将众多单个台区联结为网络式整体，提升配电系统电源消纳、负荷接入能力和运行可靠性、灵活性。

3. 绿色化产消

电网支撑集中式和分布式新能源大规模开发、高水平消纳，实现各类传统和新型负荷灵活接入、协同互动，清洁低碳、安全可靠、灵活智能满足电源开发和电力消费需要。

生产侧形成因地制宜、灵活高效的可再生能源开发并网模式，推动水风光大规模开发和高水平消纳。 依托柔性组网技术、构网技术和各类储能技术的创新应用，推动电网适应电源并网形态由单一类型电源并网向多种电源协同互补并网转变、由传统电源同步机交流并网向新能源电力电子设备交直流混合并网转变、由传统电源集中式高电压等级并网向海量新能源分散式多电压等级并网转变、由新能源跟网型并网向构网型并网转变。以多元模式满足各地各类大型清洁能源基地和分布式新能源的接入需求，持续提升新能源开发并网消纳规模，支撑新能源循序渐进向主力电源发展，依次成为各地区电力、电量供应主体，助力构建多元化、清洁化的电力供应体系。

消费侧形成供应可靠、双向互动的电力消费平台，保障高质量用电和电气化水平提升。 工业、交通等传统行业的电气化转型将推动电力需求总量刚性增长。电动汽车、电制冷 / 热、电制燃料、数据中心等新型负荷的不断接入还将推动负荷特性由刚性、消费型向柔性、产消型转变。电网通过在优化网架结构、广泛柔性互联、快速智能响应等方面创新升级，保障电力安全充足可靠供应，适应供电形态由单向刚性供电向双向柔性互动转变、由统一供电向差异化精细化供电转变，灵活满足各类负荷电力需求，成为保障经济社会发展、推动新型电气化的关键基础设施。

2.2.2　数智新动能

数智化坚强电网作为数智化技术与能源电力技术深度融合、物理空间和数字空间相融交互的创新数实融合体，全景感知电网各环节的全周期、深层次数据和信息，构建横向广泛覆盖、纵向全面贯通的双向信息通信网络，基于多类云计算平台、海量数据资源、强大算力服务和先进模型算法，全面应用人工智能等数智化技术构建数字孪生镜像、实施跨域智能决策控制，驱动元件级、设备级、区域级、系统级的电网运行和运营管理数字化智能化，实现全域传感量测和信息连接、全局算力数力智力支撑、全面赋能电网和企业数智化，打造现代智慧数字平台，如图 2.4 所示。

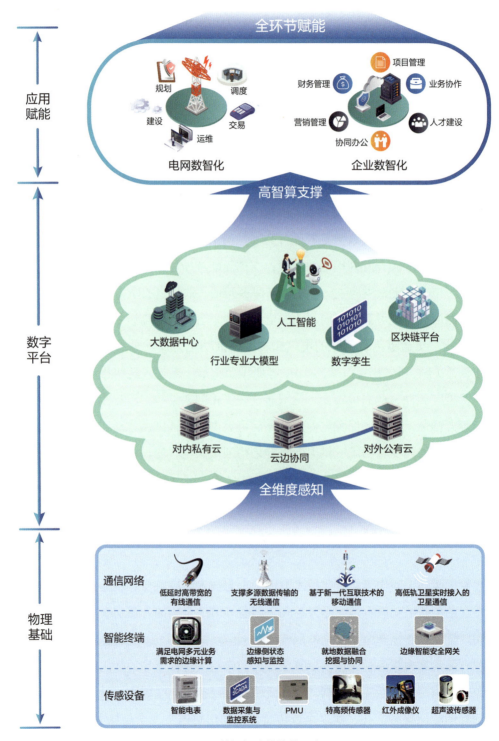

图 2.4 数智新动能总体示意图

　　数字化就是要利用云计算、大数据、物联网等前沿数字技术，用数字世界精准映射现实世界，将各种形式的信息、数据和资源转换为数字形式，释放能源电力数据要素价值，构建全感知、全场景、全时空的数字世界，形成电网海量构成要素间的广泛信息连接，在数字空间中刻画和模拟出物理电网实时状态和动态特征，全面提升电网精准感知、可靠通信、全域计算能力，通过把物理世界在系统中仿真模拟实现全局优化、业务服务创新、生态系统重构及组织运营模式变革。**智能化**就是要在数字化基础上，应用人工智能等技术，通过精准感知、自适应学习等实现生态协同优化、系统自动化智能化决策，提升系统自主学习、推理和决策能力，推动电网具备自适应、自学习、自校正、自协调、自组织、自诊断及自修复等能力，实现传统电网的顶层设计、全局优化、监测感知、预警预报、智慧决策和应急处置全面智能化升级，为能源电力生产、传输和消费全流程提供智慧支撑。数字化和智能化相互交织、相互融合、相互促进，形成数智化的融合体，实现对电网全面感知、深度分析和智能控制。

1.　全维度感知

　　聚焦电网元件、设备、系统的全生命周期可视化、透明化目标，构筑高效的全面感知能力，提高数据和信息采集的量和质，实现万物"物联""数联""智能"，基于感知实现信息交互与智能处理，清晰映射、高效支撑电网物理世界和数字空间，实现全息全域系统和智能终端创新应用，推动电网更加透明、高效、智能运营。全维度感知示意见图2.5。

　　全域物联感知。通过构建电力物联网，实现对全系统能量流的变化、各类设备运行状态的变化、影响电网运行的外部环境的变化等关键信息的感知。**信息全监测**，依托多物理量感知装置获取全面、完备的多类型基础数据信息，实现对电网的电气量、状态量、环境量、空间量、行为量等各类型信息的全面采集监测，提升面向海量终端的多传感协同感知、数据实时采集和精准计量监测水平。**环节全覆盖**，通过小微化智能传感终端、飞行设备、影像感知设施、可视化装置、光谱分析仪器等多样化感知设备和量测技术的广泛应用，实现对输电网、配电网、变电站、电源并网、负荷接入等各环节设施的全面覆盖和巡检监测。**数据全兼容**，通过统一接入标准、统一通信语言，将分散的海量异构数据进行转换、翻译、归集，采用机器视觉感知等新技术更好识别非结构化的图像等数据，实现信息从单一数据变成数据集合，提高数据信息识别率与准确性。**设备全接**

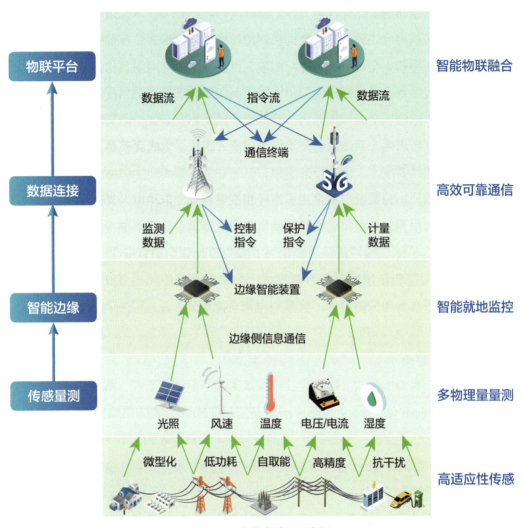

图 2.5　全维度感知示意图

入，通过一二次融合装置、多能源转换网关等多类型接口设备，提高终端设备联网接入量，实现对分布式电源、储能设备、用能设备、测量表计等能接尽接。

全息信息通信。通过面向信息物理融合能源系统应用的低成本、高性能信息通信技术创新，实现新型通信技术、感知技术与电力装备终端的融合，提升现场感知、计算和数据传输交互能力，打造高速泛在、天地一体、云网融合、智能敏捷、安全可控的信息基础设施，构建支撑电网数字化智能化发展的信息"大动脉"。**网络安全可靠**。应用融合本体安全和网络安全的电力装备及系统保护技术，不断提高信息通信网络健壮性，提升网络安全智能防护技术水平，强化网络安全预警及响应处置，提高主动免疫和主动防御能力，构建数据可信流通环境，提高数据流通效率和安全性。**数据高速传输**。适应万物互联、全域感知需求，提升电网的边缘与感知终端通信模块宽带化能力，让不同类型、不同容量的数据无障碍高速传输应用，持续突破数据通信的速度和覆盖范围，将通信时延表现提升到亚毫秒级，支撑电网数字化转型发展。**信息互联相融**。通过算法完成各类设备、接口、系统差异化通信规约间的相互转换，实现统一通信标准、统一数据语言，将海量的多类型数据进行转换和归集，让信息从单一的数据通信转成数据汇集互联，实现电网的各类设备从"物理相连"走向"信息相融"。

2. 高智算支撑

基于云平台、大数据、人工智能等技术应用和强大算力支撑，为规模化、分散化数据实时归集、高速运算、广泛共享提供支撑，根据不同业务需要与设备类型差异，形成"多云协同＋算力卓越＋数用智慧"计算分析能力，推动边端、各业务线高效协同，实现电网实时分析、精准预测、智能控制。高智算支撑示意见图 2.6。

多云协同。实现多云平台的统一管理和协同优化，打造坚实数智化云底座。**对内云服务保障**。为电网各类业务、专业平台提供基础硬件资源和中间件等通用技术组件，支撑广泛共享、敏捷开发、快速部署，具备人工智能、区块链等各类技术组件和应用开发能力，满足各数字化平台运行要求。**对外云服务能力**。为用户和社会其他领域提供各项云服务，为信息的集成、共享和应用提供基础运行环境，为其他行业以及全社会提供公共服务能力。

算力卓越。科学布局通用计算、智能计算、超级计算、边缘计算等多元算力资源，推动电力和算力深度融合和协同发展，实现以"充裕瓦特"支撑"规模比特"，以"高效瓦特"助力"能效比特"，以"清洁瓦特"催生"绿色比特"，促进算力资源高效调度、设施绿色低碳、充足灵活供给、服务智能随需，提供低成本、高品质、易使用的算力供给。**强大集中算力**。为海量电网运行数据提供稳定存储、高性能计算、精准分析的卓越算力支撑，实现数据跨域计算、同步和调度，满足各层级业务对数据应用需求。**灵活边缘算力**。通过部署边缘智能终端，实现云端与边缘侧算力灵活分配和协同，提高本地数据处理时效性与响应速度，以及降低数据传输安全隐患，实现"即时交互"与"稳定协同"。

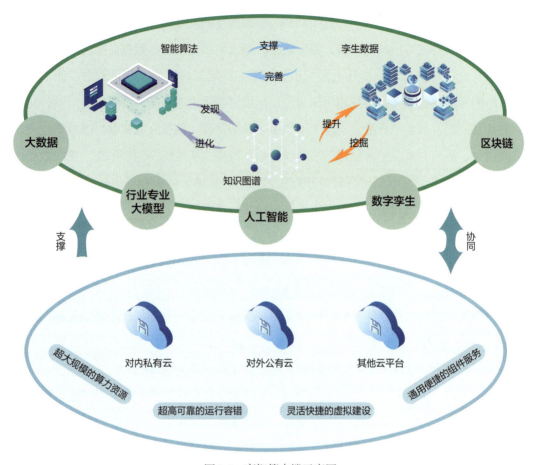

图 2.6 高智算支撑示意图

数用智慧。统筹算力、数据、算法一体化应用，提升多源异构数据汇集和处理能力，应用人工智能技术构建多模态大模型，为电网全业务数智化发展提供数据信息资源支撑和数据分析决策能力。**数据驱动**。以电网全环节及产业链上下游的数据为生产要素，构建统一数据标准及数据模型，通过数据中心实现内外部结构化、非结构化数据全域化、集约化、实时化、柔性化管理，基于海量存储和计算能力，支持满足多源异构海量数据增长、融合、管理和使用，承载一站式数据应用，数据在各专业间有效集成、跨域计算、共享互动，形成数据驱动业务流程和决策能力。**模型使能**。基于海量数据、强大算力和先进算法，全面应用人工智能技术，统筹考虑规划、建设、运行、检修等全环节，构建面向电网发展的多模态行业大模型，形成发、输、变、配、用等领域精细化的专业领域模型，形成全景全时全程多模态的智慧分析决策能力，支撑电网生产经营管理等各领域数智化发展。**知识挖掘**。通过对数据价值的挖掘和多元数据的融合，利用知识图谱和孪生电网辅助电网数据分析，并基于分析结果拓展和更新知识图谱和孪生电网，优化物理电网与数据知识的协同互动，实现专家认知和数据驱动电网知识的双向提升，使数智化坚强电网的知识库成为一个不断进化的动态系统，显著增强电网的自我发现和自我学习能力。

3. 全环节赋能

运用先进数字智能技术和设施，以数据要素、数字平台为基础，将物理空间实体电网的拓扑网架、运行状态、设备参数、环境要素以及经营管理业务活动等信息在数字空间进行动态呈现，基于强大的"算力""数力"和"智力"在数字空间开展计算推演、智能决策和互动调节，实现精准反映、全域计算、深度协同、智慧互动、高效运营，推动实现电网功能形态、基础设施器件、管理服务模式、生产作业方式、企业治理体系等全方位数字化智能化。全环节赋能示意见图2.7。

电网数智化。建立实体电网在数字空间的全面精准映射，构建数字孪生模型，实现数字空间和物理空间的双向实时互动，提升电网灵敏感知、计算推演、科学决策、动态优化、精准控制、智能调节能力，全面提升实体电网的可观可测、可调可控水平，促进电网运行更加安全、可靠、智能、经济。**赋能电网发展规划**，重点在电网智能诊断评价、海量节点电网计算推演分析、图上规划设计、线上选址选线、负荷智能切割、新出线智能并网、路径智能寻优、多规合一的项目动态规划等领域应用。**赋能电网工程建设**，重点在三维设计数字交互、现代智慧工地建设、智慧供应链、全过程电子工程档案、云监造、数字化现场施工动态监管等领域应用。**赋能电力调度控制**，重点在新一代电力调度自动化系统、仿真分析规模和精度提升、电网稳定智能评估预警、在线安全分析应用、调度智能辅助决策、全时间尺度新能源功率预测、负荷预测精度提升和新型电力负荷智能管理等领域应用。**赋能电网运维检修**，重点在变电站和换流站智能运检、输电线路智能巡检、配电智能运维体系、电网灾害智能感知体系、数字化资产全寿命周期闭环管理、无人机和机器人作业、多站融合数智化变电站、配电自动化终端、故障主动感知处置自愈等领域应用。**赋能电力市场交易**，重点在区块链助力绿电交易和绿证核发使用、电—碳计量与核算监测等领域应用。

企业数智化。利用数字空间广泛连接、实时共享的优势，利用数字化智能化技术赋

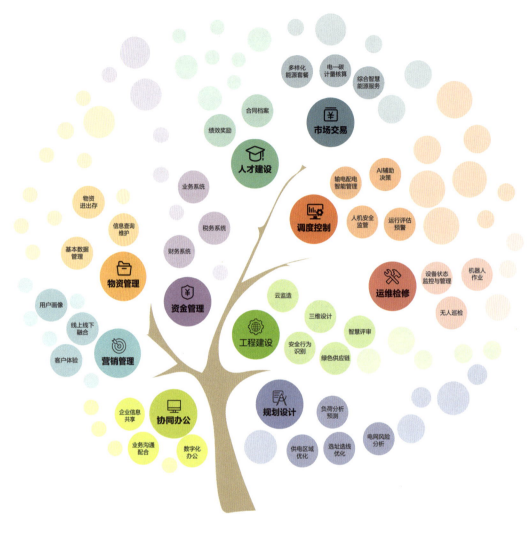

图 2.7　全环节赋能示意图

能电网各业务间的协同融合，构建覆盖电网企业运营管理全业务的一体化数字业务平台，以数据驱动业务流程和管理模式优化，打通业务边界和信息壁垒，促进跨层级、跨系统、跨部门、跨业务的高效协作互动，实现端到端流程闭环，进一步优化资源配置，全面提升经营管理业务的管控力、协同力和决策力。**赋能全流程业务管理**，围绕发、输、变、配、用等电网运营管理全业务链条建设数字业务平台，实现全业务线上化、数字化、移动化、智能化办公，提升设备、项目、物资等电网生产要素管理水平，增强电网全流程管理数字化智能化运营能力。**赋能核心资源优化配置**，实现人财物等企业核心资源数据全面贯通，人工智能等数智化技术在业务洞察、资源统筹、配置优化等方面深度应用，推动企业核心资源有效开发、合理配置、充分利用和科学管理。**赋能智慧客户服务**，构建"互联网+"现代客户服务模式，打造基于电力大模型的智能客服系统，通过智能机器人、智能客服助手、智能质检、智能外呼、智能知识库等，支持多语种识别、高频服务场景机器代人、多块融合应用，提升自助服务与人机协同能力，实现线上线下无缝连接，打造流程简洁、反应迅速、灵活定制的应用服务，提高服务效率和客户体验。**赋能电力数据资源应用**，深入挖掘数据价值，增强电力与经济社会系统的数据交互共享，形成系列电力大数据产品，服务企业高质量发展，支撑政府决策和社会治理。

2.2.3　发展新枢纽

　　数智化坚强电网作为连接能源电力生产和消费的重要枢纽、能源转换利用和能源资源配置的基础平台，在系统方面推动各类电源、负荷和储能多要素全局智能协同联动，在生产方面推动水风光和灵活调节资源的高效开发和互补互济，在消费方面推动电为中心、多种能源的耦合互补和综合利用，实现源网荷储一体化运行和智能化互动、清洁能源多品类和大范围互补互济、电氢热（冷）气等多能源网络融合协同，打造核心枢纽支撑平台，如图2.8所示。

图2.8　发展新枢纽总体示意图

1. 多要素联动

数智化坚强电网推动源网荷储一体化、智能化互动，作为连接电源、负荷和储能设备的关键桥梁，通过数字化智能化方式优化电能生产、传输、分配和使用，实现各类电源、负荷和储能多要素实时感知、精准匹配、动态协同、智能互动，充分发挥源网荷储各侧资源协调互济能力，提高电力安全保障和系统动态平衡能力。

源网荷储一体化运行。"大云物移智链"等先进数字智能技术在源网荷储各侧创新融合应用，推动传统电力发输配用向全面感知、双向互动、智能高效转变。实现电网与电源、负荷、储能的海量异构资源广泛接入、密集交互和统筹调度，增强源网荷储一体化运行能力，实现源网荷储海量分散对象协同运行和多种市场机制下系统复杂运行状态的精准感知和调节，推动各类能源互联互通、互济互动，支撑新能源发电、新型储能、多元化负荷大规模友好接入。通过提升电源、电网、负荷、储能等设备连接与配合，优化源源互补、源网协调、网荷互动、网储互动和源荷互动等多种交互形式，推动电力系统功率动态平衡运行，提高电力系统的灵活性和可靠性，增强电网优化配置资源能力、多元负荷承载能力及安全供电保障能力。

源网荷储智能化互动。以电网基础设施和数字基础设施平台为依托，以数字化智能化推动源网荷储的各环节和各资源共享互济，建立灵活高效互动的电力运行与市场体系，实现源网荷储的协同性和融合性发展。**电源侧**，以精准预测助力电网应对气候变化和新能源消纳，深化能源电力与气象融合发展，发挥数据驱动的事前预测和事中预警作用，提高对新能源出力和负荷预测精准性，通过数据价值多角度挖掘支撑电力电量实时平衡。**电网侧**，调度运行与新能源功率预测、气象条件等外界因素结合更加紧密，源网荷储各环节数据信息海量发展，实时状态采集、感知和处理能力逐渐增强，调度层级多元化扩展，由单个元件向多个元件构成的调控单元延伸，调控运行模式由源随荷动向源网荷储多元智能互动转变。**负荷侧**，以平台资源聚合实现柔性负荷调节，开展融合云边协同、物联网技术、人工智能等技术的负荷互动调控，通过虚拟电厂等一体化聚合模式，参与电力中长期、辅助服务、现货等市场交易，为系统提供调节支撑能力。**储能侧**，以价格实时传导引导储能与电网协调互动，提升电网对储能资源的感知、调控能力，引导优质储能资源参加电网协同控制，实现面向不同调节需求场景下的储能资源智能管理模式。

2.　多能源互补

数智化坚强电网推动水风光等多品类、大范围能源互补互济，充分发挥电网作为资源配置平台的枢纽作用，汇集新能源资源和灵活调节资源，驱动能源流和信息流交汇融合，通过创新水风光等多品种能源协同开发利用方式，优化调度和高效配置灵活调节资源，促进新能源更大规模协同高效开发、互补互济和优化配置，为经济社会发展提供充足、经济、可持续的电力保障。

多品类互补互济。充分发挥电网大范围大规模资源优化配置作用，应对风光等新能源出力波动性、间歇性、随机性高，出力受天气影响大，水电出力季节性丰枯特性显著等问题，构建互补互济、安全可靠、运行灵活的资源优化配置网络平台，推动清洁能源协同开发和高效互补。打造清洁能源汇集消纳网络和外送输电通道，构建多能互补、跨区协同的送端电网，推动"风光水火储"多能互补，优先利用风电、太阳能发电等清洁能源，联合发挥送端流域梯级水电站、调节性能较强水电站、火电机组的调节能力，科学合理配置储能，在有条件的区域建设光热发电、压缩空气储能等灵活调节电源，充分发挥多类型电源互补特性，实现多种资源协调开发、科学配置。

大范围互补互济。适应清洁能源快速发展需要，以建设大电网、构建大市场方式加快水风光等清洁能源集中式和分布式统筹发展，利用时区差、季节差、资源差、电价差，实现清洁能源大范围配置、多能互补、联合调峰、高效利用，取得跨时区互济、跨季节互补等巨大效益，提高大规模清洁能源接入的安全性、友好性、适应性，突破能源发展的时空约束，大幅提升清洁能源发展规模、质量和速度。充分发挥跨区域、多品种清洁能源资源互补特性，通过大电网实现资源更大范围共享和优化配置，进行跨区域联合调度，优化系统整体电源装机结构，利用跨区联网共享灵活性调节资源，减少调节性电源装机需求，同时实现负荷错峰、备用共享，降低负荷峰谷差率，减少基荷电源装机需求，提升系统整体经济性，实现清洁能源时空差异互补、水风光多能互济，提升清洁能源开发外送效率效益。

3.　多网络融合

数智化坚强电网推动构建电为中心、"电氢冷热气"互通互济、可再生能源直接利用及合成燃料为辅的能源消费格局，利用电网传输能力强、覆盖范围广、运行效率高等优势，以终端能源消费电气化为主要形态，发挥电力网、供热（冷）网、天然气网、氢能网等不同能源网络的差异特性，实现各能源网络由"分离孤立运行"向"多网融合协同"转变，促进多种能源的深度耦合、互补协同、综合利用。

电力消费网络形成核心。 电网作为实现各类能源高效便捷转化、传输和消费的枢纽，在生产侧除少量转化为热能就地利用外，绝大多数清洁能源转化为电能输送和使用，在配置侧电网成为能源配置的核心平台，在使用侧不同终端能源以电为媒介相互补充转化，满足不同类型和品位用能需要。电力消费网络由居民生活、商业办公等传统负荷，电动汽车、用户侧电储能等新型负荷，风电、光伏发电等分布式电源，分布式三联供、热泵等多能耦合设施，以及具备需求响应、多能联合运行等功能的智慧能源管控系统组成，形成以电为中心的终端能源消费格局。通过发展传统用电、直接电能替代，以及以电制氢氨醇为代表的电制材料、原材料（P2X）技术带来的间接电能替代和电的非能利用，将进一步扩展用电领域，推动能源消费加快电气化。

综合能源网络深度融合。 以电为中心促进终端多能融合互补，实现"电氢冷热气"多种能源相互转换、联合控制、互补应用，通过多个能源网络的有效对接，实施能源、设施、数据、业务和产业融合，提升综合能源利用效率和能源供给灵活性、可靠性与经济性。**电能与氢能协同，** 基于电解水制氢、燃料电池、燃氢轮机等技术装备，兼顾送电与生产产品用能需求，统筹发电与制氢、输电与输氢的协同作用，实现绿电绿氢开发同源、应用互补，绿氢配置就地制备利用与大范围优化相结合，通过电制氢基产品负荷可调节、清洁能源富余电量制氢、氢发电等提供短时平衡、长时储能支撑，实现终端绿色能源使用效益最大化。**电能与热能协同，** 基于温控负荷、热泵、浸入式加热器等技术装备，通过热（冷）电联产、联供等模式创新，充分发挥电能的易传输特性和热能的梯级利用特性，利用热能的延时效应，优化电力和热力之间的相互转换和补充，提高能源系统灵活性和可靠性。**电能与天然气协同，** 基于燃气轮机、电驱动压缩机、冷热电三联供、电制甲烷等技术装备，充分利用天然气系统可大规模存储特性，以及不同品位的差异化利用特性，通过低谷时段绿电制天然气和高峰时段燃气轮机发电，实现能量的长时间、大范围时空平移，促进可再生能源消纳，提升系统综合能源利用效率，减少二氧化碳排放。

2.2.4　合作新平台

数智化坚强电网作为连接各类资源和要素、承载多种主体和服务的桥梁纽带，引领推动产业链上中下游协同联动共进，推动新质生产力发展，培育战略性新兴产业和未来产业，构筑绿色创新互利共赢的现代能源电力生态体系，促进"硬联通""软联通"和"心联通"，助力人类命运共同体建设，实现产业链上下游协同和新业态激发，生态圈创新构建和跨界拓展，能源电力和跨领域国际合作创新发展并持续深化，打造互联互通合作平台，如图 2.9 所示。

1. 产业链贯通

以电网作为基础支撑和引领带动载体，发挥好电网"桥梁"和"纽带"作用，依托网络、平台和数据优势，通过拓入口、聚要素、搭平台、创生态，推动产业链上中下游各类发展主体协同联动，推动短板产业补链、优势产业延链，传统产业升链、新兴产业建链，实现人才、资本、技术、数据、资源各要素优化组合，创新产业组织模式、管理模式、商业模式和产业价值增长模式，促进上下游共建新机制、共筑新基础、共享新成果、共创新生态、共谋新发展。

上下游协同。利用电网在能源系统中的枢纽地位，增强能源物理系统、产业系统、治理系统的连接融合与协同互动水平，依托数字智能技术创新，打造电力全领域数字化平台，通过跨领域、跨企业、跨设备的多源异构数据高频或实时对齐、协同与融合，激发各类要素资源互联互通，带动能源电力产供储销物理系统的高效经济运行，通过更高水平的跨企业、跨行业数智化治理能力，将产业链延伸至一次能源资源、关键矿产资源、先进智能制造、数字技术、终端新型用能等产业，增强协同联动能力，实现全产业链融合发展。建构以平台企业为引领、链主企业和中小企业为雁阵的新型产业生态系统，吸引产业链上下游企业融入生态，以固链补链、延链强链等方式提升产业基础能力和产业链韧性，实现大中小企业紧密协作、价值共创、融通发展。

新业态激活。基于各级电网对各类创新要素和资源汇聚融合的支撑能力，顺应能源系统向能源互联网演进趋势，发挥数字产业与能源电力产业深度耦合优势，激发各类资源和创新要素互联互通，电力流、业务流、数据流、价值流等多流合一，重新界定土地、资本、劳动力等传统要素功能，深度整合创新、管理、数据、人才等新要素，显著

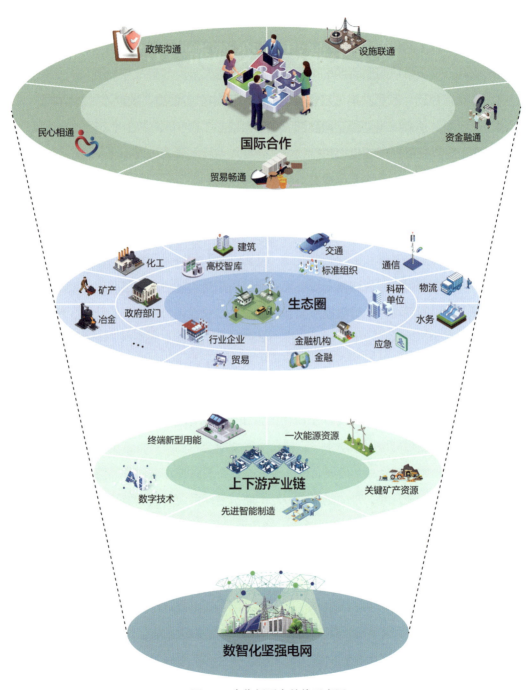

图 2.9　合作新平台总体示意图

提升新模式新业态的创新孵化潜力。推动传统产业改造升级，促进能源电力领域新质生产力培育，发展壮大战略性新兴产业和未来产业，以新产业新业态新模式打造新引擎、培育新动能，系列新产品和服务、多种新型产业组织模式与管理模式、各具特色的商业模式和盈利模式等不断涌现，能源配置、社会民生、产业发展等传统价值持续深化，能源转型服务、能源数字产品、能源平台生态等新兴价值快速拓展，服务引领型、技术驱动型、平台生态型等商业模式创新升级，能源大数据中心、能源工业云网、多能互补清洁能源基地、源网荷储一体化项目、综合能源服务、智慧车联网、智能微电网、虚拟电厂、能源电商等新业务、新模式、新业态加快发展。

2. 生态圈构建

以电为中心、电网为载体延伸拓展产业链价值链，基于数字化平台构建广泛汇集连接各领域利益相关方的能源电力产业生态，引导能量、数据、服务有序流动、自由交易、跨界融合，构筑更高效、更绿色、更经济的现代能源电力生态体系，实现整个生态共建、共享、共融、共赢。

创新构建生态圈。围绕能源电力生产、输送、消费、交易、管理等全维度，以电网为核心载体、数字化平台为关键支撑，提供覆盖全产业链各环节的生态入口和协作途径，纵向聚合新能源、分布式能源、智慧用电等上下游合作伙伴，横向连接政府部门、高校智库、科研单位、标准组织、金融机构等跨界伙伴，形成多元化生态主体广泛参与、资源共享、精准匹配、紧密协作、互利共赢的能源电力产业合作生态。依托实体电网和数字电网融合发展，构建多元化能源电力产业合作生态，不断为生态圈输入产品服务、提升发展能力、丰富主体种类，促进生产要素的自由流动、协同共享和高效利用，形成覆盖所有生态主体的价值网络，加速能源电力创新链产业链资金链人才链的价值协同和价值共创。

跨界拓展生态圈。数字化智能化的电网运营体系发挥能源电力产业业务、客户、数据等资源优势，在关键环节实现内外资源有效聚合，推动电网和经济社会各系统跨界融合，在原有生态基础上衍生叠加形成新环节、新链条、新形态，形成创新融合、前瞻突破、活力迸发的新发展模式和新产业格局。电网通过能量供给、数据联通、价值联动，与交通、通信、物流、水务、应急、金融等系统实现深度互联、协同优化，与新型智慧城市、智慧园区、智能楼宇、智能家居和智能工厂等用能场景深度耦合、高效互动，以电为中心推动绿电和绿能（绿氢、绿氨、绿色甲醇等）与各种工业、数字等产业融合创新，创新"电矿冶工贸""电水土林汇"等能源与产业协同新模式，实现供需对接、要素重组和融通创新，促进与产业链上下游、生态各相关方的广泛连接，布局跨界创新业务，拓展构建互利共赢、开放共享的跨行业、跨领域、跨产业的生态圈。

3. 全方位合作

坚持共商、共建、共享，以电网互联互通为核心，促进国家内部、跨国和区域间的清洁能源资源优化配置，加快推进多层次、复合型基础设施网络建设，跨越不同地域、不同文明、不同发展阶段，提升全方位的互联互通，加强经济政策协调和发展战略对接，促进协同联动发展，实现共同繁荣，为国际能源合作搭建重要载体。

能源国际合作的重要载体。顺应全球绿色低碳发展趋势，电网互联互通作为促进能源国际合作的重要载体，深度对接有关国家和区域发展战略，充分发掘和发挥各方发展潜力和比较优势，促进清洁能源大范围优化配置和高效利用，共同开创发展新机遇、谋求发展新动力、拓展发展新空间。通过构建跨国跨洲互联电网，实现以清洁能源开发和电力输电通道建设推动基础设施互联互通，以跨国电力装备和电力交易提升经贸合作水平，以电力与工业联动发展促进国际产能合作，以大型清洁能源基地和电网一体化开发拓展金融投资合作空间，以降低化石能源消费、减少二氧化碳和空气污染物排放促进生态环保合作，以海洋清洁能源开发与输送推进海上能源经济合作，以互联电网的数字化智能化发展带动促进数字基础设施安全高效互通和数字经济合作，以生产和生活方式变革助力人文等领域交流合作，共同打造开放型国际能源合作新平台，有力推动全球能源转型、应对气候变化、促进可持续发展。

跨领域国际合作的重要平台。以电网互联互通为平台和契机，以数字化和智能化为动能探寻新的增长动能和发展路径，依托基础设施互联互通，推动各国全方位多领域联通，由点到线再到面，逐步放大发展辐射效应，推动各国经济政策协调、制度机制对接，构建全方位、立体化、网络状的大联通格局，促进经济要素有序自由流动、资源高效配置和市场深度融合，开展更大范围、更高水平、更深层次合作，为构建人类命运共同体搭建实践平台。电网互联互通统筹基础设施"硬联通"、规则标准"软联通"和共建国家人民"心联通"，不仅是平面化和单线条的电网联通，而且是实现基础设施、制度规章、人员交流三位一体，政策沟通、设施联通、贸易畅通、资金融通、民心相通齐头并进，电力流、信息流、资金流、技术流、产品流、产业流、人员流有效畅通，推动更大范围、更高水平的国际合作，推动各国共享机遇、共谋发展、共同繁荣，打造政治互信、经济融合、文化包容的利益共同体、责任共同体和命运共同体，共同保护和建设人类美好家园。

<h1 style="text-align:center">2.3 主 要 特 征</h1>

数智化坚强电网承载着推动能源绿色低碳可持续发展的重要使命，在应对天气气候影响、防范抵御扰动冲击、开展系统灵活调节、调配统筹资源要素、融合应用数智技术、连通汇聚能源生态等方面呈现显著能力，具有气候弹性强、安全韧性强、调节柔性强、保障能力强、智慧互动强、互联融合强六个方面特征，如图 2.10 所示。

图 2.10 数智化坚强电网主要特征

2.3.1 气候弹性强

气候弹性强是数智化坚强电网应对天气气候影响的能力特征，即面对各类天气气候事件对电力供给侧、配置侧、需求侧的显著影响，从主配微电网网架、线路、设备，到与之衔接的电源、负荷、储能等环节，都具备系统性应对能力，能够保障电力实时可靠供应。

增强气候弹性，需要不断挖掘电网对气候变化的适应能力，以数智化的确定性手段减少电网在复杂环境中的不确定性。**多时空尺度精准预测**。利用人工智能和大数据技术，提升对气候气象的预测、预判、预警分析能力，提高对波动性新能源的功率预测能力，提升覆盖长、中、短、超短等多场景的预测精度。**全时间尺度平衡保障**。将气象条件等的高不确定性纳入考虑，充分考虑不同类型电源的出力特点以及储能、抽水蓄能等灵活性调节资源的匹配性，在规划、建设、运行中保证电源建设和负荷需求的平衡，增强系统在"极寒无光""极旱无水""极热无风"等单一型天气事件和"小风寡照"等复合型复杂条件下保持供需平衡的能力。

2.3.2 安全韧性强

安全韧性强是数智化坚强电网防范抵御扰动冲击的能力特征，即在自然灾害、恶劣天气、极端工况等情况下，具备抗干扰、抗冲击、快速恢复自愈等能力，可抵御来自不同环节、不同区域、不同时域对电网的冲击。

增强安全韧性，需要增强对供应安全、非常规安全、极端事件问题的防控，推动全系统形成高安全、强韧性的共同体。**电网安全稳定运行**。构建全时间尺度、全空间维度的安全防御调控体系，实时决策和控制方式转向预测超前控制，提升电网实时监测、智能自愈、快速恢复等能力；顺应多种电源跨品种互济催生的对安全共治需求的趋势，优化网络互联、备用资源、电网支撑技术配置等手段，建立更经济更精准的资源配置方式与电力调控模式。**网络信息安全可靠**。在"安全分区、网络专用、横向隔离、纵向认证"基础上，进一步围绕可信接入、智能感知、精准防护、联动响应等应用先进技术，强化安全防护，防范网络攻击风险，保障电力系统安全稳定运行。

2.3.3　调节柔性强

调节柔性强是数智化坚强电网开展系统灵活调节的能力特征，即能够充分调动各类灵活性资源要素，纳入电网的配置优化中，有效克服解决能源供应和需求时空地理分布的不平衡问题。

增强调节柔性，需要发挥平台互联、数据驱动、用户参与、广泛参与的协作方式，推动构建以资源全局调动、网络柔性输送、负荷灵活可控为核心的灵活性调控体系。**灵活调节电源全局调动**。推进煤电灵活性改造，加快抽水蓄能电站建设，因地制宜发展天然气调峰电站，引导新能源参与系统调节，拓展储能应用，构建新能源＋储能、多元协调发展模式。**电网柔性运行能力提升**。结合新型输电技术，推动直流输电柔性化建设与改造，优化网架结构，形成分层分区、灵活高效、适应新能源占比提升的主干网架；推动智能配电网和主动配电网建设，提高配电网接纳新能源和多元化负荷的灵活性；融合长期交易、现货交易、辅助服务和容量市场，通过价格信号传导系统灵活性的市场价值。**需求侧响应与管理优化完善**。依托电网深入挖掘用户侧灵活性潜力，整合分散需求响应资源，通过电价政策、需求侧响应机制引导可调节负荷参与电力系统平衡控制，依托电动汽车、虚拟电厂等新型负荷，推动源网荷储灵活互动。

2.3.4　保障能力强

保障能力强是数智化坚强电网调配统筹资源要素的能力特征，即电网在常态下与应急状态下能够充分调动所需的各类资源要素的能力，能够及时保障能源电力供应。

增强保障能力，需要提升电网在应急状态下的资源调配能力，提升日常的经济运行和资源科学管理能力，以常态运行智能有序、应急调配高效协作为核心的电网支撑保障能力高效化。**常态运行智能有序**。实体电网孪生映射到数字空间，数字技术和电网业务深度融合，实现对电网全环节的精准、实时管理与分析，调度运行管理模式集中和分散式协同，电网运行体系自下而上、有序分区，全面提升主配微网协调互动、安全供电保障能力。**应急调配高效协作**。针对极端突发事件，结合自然地理条件、电网结构和用户特点，增强应急预案兜底能力，提升多主体应急协作能力，有效整合多方资源，提升应急高效协作水平。

2.3.5　智慧互动强

智慧互动强是数智化坚强电网融合应用数智技术的能力特征，即通过数实融合、数智赋能，实现各环节精准映射、系统优化、智能控制、高效互动，提升电网的感知能力、承载能力、互动能力、配置能力、调控能力。

增强智慧互动，需要推动数智技术与源网荷储的深度融合，实现以透明呈现、智能控制、高效互动为核心的电网数实融合智慧化。**透明呈现**。以物理电网为基础，深度融合应用新型数字化技术、先进信息通信技术、先进控制技术，通过高频率、多模态数据采集实现电网状态、设备状态、交易状态、管理状态等全维度的状态感知和信息数字化呈现，构建与复杂物理电网相对应的信息网络，形成电网海量构成要素间的广泛信息连接，实现数字技术和数据要素与电力规划、建设、调度、运行和服务全链条融合，电网全面可感可视可控。**智能控制**。依托数字孪生在数字空间中刻画和模拟出物理电网实时状态和动态特征，通过精准镜像、全景可观、动态演化、虚实交互，以数据驱动电网运行和管理，在数字空间分析和研判系统特性演化的动态过程，借助双向信息通信网络、各种先进电力电子装置和可控装备实现数据汇聚和决策指令下发，在系统层面进行不同业务与领域之间跨域智能协同控制，实现将物理电网的信号、数据、信息转化为知识和智能，提升电网智慧化水平。**高效互动**。深度融合电力和算力，通过源网荷储各环节广泛部署柔性可控装备，使物理电网的能量流动和控制响应特性能够由数字空间灵活定义和闭环控制，实现电网与海量分散发供用对象的广泛接入、密集交互和协调控制，增强多形态、多主体、多要素之间的高效互动能力，推动以电力为核心的能源体系实现多种能源的高效转化和利用，实现数字、物理和社会系统深度融合。

2.3.6　互联融合强

互联融合强是数智化坚强电网连通汇聚能源生态的能力特征，即有效推动能源互联互通和供需匹配的能力，有效实现资源优化配置和全环节的高效协同的能力，有效促进创新资源要素汇集和生态业态融合的能力。

增强互联融合，需要推动以电网为枢纽平台的资源汇聚和融合创新，加快广泛互联、高效协同、开放互融为核心的电网平台载体功能的延伸化。**各类资源广泛互联**。建立源网荷储互动、多能协同互补的资源配置平台，充分发挥电力的灵活转化特性和电网的基础平台作用，实现电力与燃气、热力等终端能源之间的互通互济和灵活转换。**各类主体高效协同**。网源互动，依托互联通道进行区内和跨区备用共享，加强跨区互联通道运行曲线灵活性，平衡送受端调节需求。网荷互动，电动汽车和可中断负荷等负荷侧资源主动响应系统要求和价格信号引导，为系统提供调节支撑能力。网储互动，充分发挥储能装置的双向调节作用，在用电低谷时作为负荷充电，在用电高峰时作为电源释放电能。**能源生态开放互融**。通过多能转换和供需互动技术推广，电力系统创新带动智能制造高端化，融合新能源、新材料、智能制造、电动汽车、信息技术等能源电力产业链上下游。数智化坚强电网成为现代化综合基础设施的重要组成部分，是数字地球的重要内容和关键基础支撑，将带动能源网与信息网、交通网等的深度融合，促进政府、行业、企业等各类主体合作，推动数智化核心能力的外溢并带动价值创造，实现共享资源充分汇聚、供需高效对接，建成共建共治共享的生态圈。

2.4　发　展　重　点

数智化坚强电网发展重点领域是坚强主网建设、配网微网建设、调节支撑保障、数字底座升级、数智赋能提效、能源生态构建、科技创新攻关、市场机制建设，如图 2.11 所示。

（1）**坚强主网建设**是完善特高压和超高压主网架，加快跨区输电能力建设，提升已建输电通道利用效率，提高电力互济能力，推动跨区间互联互通。

（2）**配网微网建设**是完善配电网结构，消除供电薄弱环节，推进配电网智慧升级，提升承载力和调控能力，推动配网微网多元化网络形态融合和高效协同。

（3）**调节支撑保障**是发挥电源和储能的调节潜力，挖掘负荷侧灵活潜力，保障系统支撑能力，提高电网的资源配置能力和整体灵活性。

（4）**数字底座升级**是加快信息采集、传输、存储、处理、应用等数字基础设施建设，构建跨层级、跨专业、跨平台统一底座，加强精准感知能力、可靠通信能力、全域计算能力。

（5）**数智赋能提效**是利用先进的数字化智能化技术，赋能调度运行、电网运营、规划建设、仿真分析、负荷调控、气象分析等方面的质效提升和进阶式升级，提高对新能源等各类电源的支撑能力。

（6）**能源生态构建**是发挥电网在能源体系中的枢纽作用，加强与产业链上下游协同合作，形成以电网为平台的能源生态圈，构建共商共建共享合作平台。

（7）**科技创新攻关**是加快攻坚关键核心技术，以重大项目为牵引，加强基础性、紧迫性、前沿性技术研究，密切跟踪颠覆性技术进步，加快核心标准研制。

（8）**市场机制建设**是建立资源广域配置的交易机制，完善维护系统安全稳定运行的辅助服务与容量充裕度机制，创新促进绿色发展的电—碳协同机制。

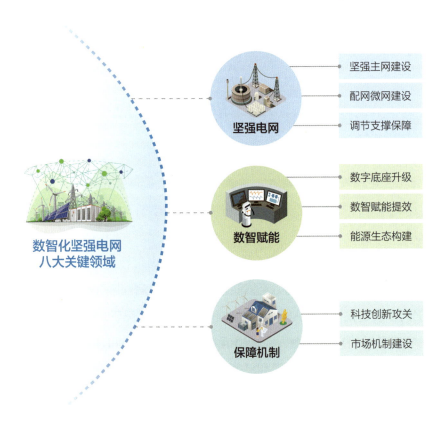

图 2.11   数智化坚强电网八大关键领域

2.5　综　合　价　值

2.5.1　能源创新发展

能源安全绿色供应。 数智化坚强电网将有力推动构建新型电力系统和新型能源体系，推动能源生产、配置和消费各环节实现更加绿色低碳、智能灵活、安全可靠、开放互联。构建更加坚强可靠的能源平台，通过广域互联电力网络的强大资源配置能力，保障水电、风电、太阳能发电等集中式和分布式电源大规模接入和消纳，实现供用电关系的灵活转换，以清洁和绿色方式满足全球电力需求。特高压和智能电网技术让能源互联网覆盖世界每一个角落，能源供给不再有盲区和空白。随着数智化技术的全面突破与深度应用，依托大电网控制技术、信息通信技术和先进电力系统仿真技术等，精确预测发电出力和用电负荷，自动预判、识别故障和风险，智能化开展运行方式调整、故障快速自愈、负荷紧急控制等，增强灾后自主生存能力和快速恢复能力，更高效地应对台风、冰灾、地震等灾害及外力破坏，保障各国跨国跨洲电网安全稳定运行。依托数智化坚强电网，能源消费从单向被动接收的用电方式，向双向互动、灵活智能化用电方式转变，促进能源系统的各生产消费主体、海量数据信息、多种能源类型深度融合，推进能源系统和人类生产生活各个环节紧密耦合，构建协调优化、开放互动的综合能源体系。

能源体系创新变革。 数智化坚强电网是科技创新的重要领域和新技术应用的重要载体，将大数据、云计算、物联网、人工智能等数字技术嵌入电力生产消费全环节全流程，构建以电网为核心的能源融合发展生态圈，有力带动新能源、新材料、智能装备、电动汽车、信息技术等新兴产业发展，加快推动新质生产力涌现，不断为高质量发展蓄势赋能。数智化坚强电网作为更加创新高效协同的能源电力基础设施，将引发能源资源配置方式、数字经济实体经济融合方式、电力市场运行机制、国际能源合作模式等诸多方面转型变革，推动形成新的能源和经济制度体系、运行规则和治理机制，促进各类先进生产要素流动和聚集，为新质生产力的形成和发展提供制度保障，为科学技术创新和组织管理创新搭建平台。

2.5.2　经济繁荣共享

商业模式培育。 数智化坚强电网既是能源和电力的载体，又是信息、服务和科技的载体，将催生新的经济形态和商业模式。全面感知物联、高效计算存储、数云融合驱动、数字孪生赋智等科技创新应用推动传统电网数字化转型发展，激发系列新产业、新业态、新模式、新场景，能源和数据融合在科研创新、应用孵化、产业集聚、人才发展等方面为各类创新主体提供丰富资源和平台。数智化坚强电网推动交汇能源电力、数字经济各领域的商业模式和实践成为可能，为战略性新兴产业开拓新型工业化场景、打造跨界融合场景、建设标志性场景，推进未来制造、未来信息、未来材料、未来能源、未来空间等未来产业发展，能源生产消费和数据信息应用共享实现同频共振，不断创造发展新动能和经济新价值。

产业生态升级。依托电网强大辐射能力和互联互通的功能作用，深化业务关联、链条延伸、技术渗透，推动产业门类之间、区域之间、大中小企业之间、上下游环节之间高度协同耦合。以数智化坚强电网为依托，推动数能融合和产能融合，创新建设"能源+信息""能源+交通""能源+电商""能源+金融""能源+工业互联网""能源+市场"等领域的新型数字平台，实现产业链升级融合，面向经济社会、人民生活、行业企业开展价值共享，共同打造优势互补、互利共赢的新产业、新生态，建设共赢共荣的能源互联网经济圈。

2.5.3　社会和谐包容

协调智慧发展。数智化坚强电网作为能源供需与交换的枢纽，依托坚强智慧的网络设施和指数增长的海量数据等，有力引导产业布局、整合各类资源、推动社会变革。以能源和信息互联互通构建更大范围、更高层次的智能生产网络，促进社会生产方式更加协同，构建起以绿色能源为先导、各行业协调发展的社会生态，助力形成资源节约型、质量效益型、科技先导型、环境友好型的可持续发展模式。随着数智化坚强电网与物联网、互联网等深度融合，能源使用主体的属性从单机单功能实体成为多功能互联电网体系的有机部分，能源供应、工业监测、信息通信、家政医疗、物流交通、远程教育、电子商务等各方面的服务更加丰富，实现全社会资源共享、多行业协同服务，培育形成绿色低碳生活方式，让人人享受智能现代生活，个性需求得到充分满足。

均衡普惠发展。数智化坚强电网在更广域乃至全球范围优化配置绿色电力，将在更大范围促进城市与乡村、发达地区与不发达地区等公平、公正、和谐发展，大幅提高无电缺电地区的供电普遍服务能力，是推动实现联合国提出的"人人享有可持续能源"目标的重要举措。充足、经济、可靠的电力供应，将促进人类生产生活必需的基础设施、交通工具及生产设备等的正常运转和智能升级，提高不发达地区的居住、教育、医疗等领域发展水平，让世界各国各行各业普遍受益，实现更大范围、更广层面普惠。

2.5.4　环境清洁美丽

降碳节能增效。建设数智化坚强电网秉持绿色、低碳、循环、可持续发展理念，走生态优先、节约集约、绿色低碳高质量发展道路，以实现能源生产消费全面绿色转型，促进经济社会发展全面绿色转型。依托电网平台的绿色资源配置和转型引领带动作用，将有力促进经济发展模式从低成本要素投入、高生态环境代价的粗放模式向生产要素投入少、资源环境成本低的集约模式转变，能源资源利用从低效率、高排放、高污染发展方式向高效、低碳、安全转型，有力推动应对气候变化，为加快能源变革转型、维护能源资源安全、实现"双碳"目标、保护生态环境提供支撑。

减污扩绿协同。数智化坚强电网以推动可再生能源清洁高效利用为重点，注重人与自然和谐共处，推动建立尊重自然、顺应自然，保护生态系统和地球生命的生产消费观念，在不超越资源与环境承载能力的前提下，服务经济社会发展。传统化石能源的生产、传输和消费规模将大为缩减，煤炭开采、加工、运输、存储及燃烧带来的地表沉陷、矿难、透水、爆炸、烟尘等问题日益减少，油气开采、输送、利用对地质、陆地和海洋生态的破坏日益减轻，森林、湿地面积持续扩大，自然环境和生物多样性得到保护和恢复，助力推动构建天更蓝、地更绿、水更清的美丽生态环境，共同保护和建设美好地球家园。

2.5.5　治理协同高效

构筑新型机制。数智化坚强电网以电网互联互通为纽带、数字互联互通为支撑、能量流和信息流为载体，推动不同省市、不同地区、不同国家、不同大洲加强宏观政策沟通协同，深化利益融合，促进互信互惠，达成合作新共识，构建治理新机制。通过共建数智化坚强电网，以信息共享增进彼此了解，以经验交流分享最佳实践，以沟通协调促进集体行动，携手解决在能源绿色转型发展过程中面临的资金、技术、人才、项目开发等方面的困难和挑战，建立对话沟通机制、政策协调机制、数据交换机制、技术合作机制、投融资促进机制、市场培育机制、争端协调机制等，共同打造开放、包容、均衡、普惠的新型合作架构。

助力合作共赢。以数智化坚强电网为载体，以共商、共建、共享、共赢的理念强化能源合作和更广泛合作，有效对接国家发展和区域合作规划，强化各类双多边国际合作机制作用，带动更大范围、更多领域、更高水平、更深层次的区域合作，发挥不同地区的比较优势，提升南南合作、南北合作水平，实现各国政府、企业、社会和用户的广泛参与和合作共赢。以数字化智能化的电网基础设施为突破，将推动全人类对能源与信息、时间与空间、虚拟与现实、生产与消费、公平与效率、竞争与合作、软件与硬件等进行紧密调和，各种融合式、突破式创新的不断涌现，将对经济社会产生巨大影响，不断打破各类约束，形成更高效、更开放、更包容的合作机制，以能源电力绿色低碳创新发展支撑经济社会发展速度、规模、结构、质量和效益迈上更高层次。

数智化坚强电网综合价值体系见图 2.12。

图 2.12　数智化坚强电网综合价值体系

2.6　小　　结

数智化坚强电网是能源转型和数字革命的必然趋势，通过深度融合现代能源电力技术和信息数字技术，建设提升新型电网基础设施和新型数字基础设施，实现电网形态、数智动能、能源枢纽和合作平台的全面升级，打造气候弹性强、安全韧性强、调节柔性强、保障能力强、智慧互动强、互联融合强的新型电网，为经济社会发展和民生用电需求提供坚强保障。

数智化坚强电网，以安全为基、绿色为要，通过创新引领和数智驱动，推动能源体系和电力系统多要素、多层次、多品类、全环节统筹兼顾、协同增效，实现全方位开放融合、共建共享，为全球能源治理和经贸合作提供重要平台。

数智化坚强电网是电网发展的高级阶段，坚强电网是物理基础，用数字、智能技术为电网赋能，是智能电网在数字革命与能源变革推动下的新发展和再升级。数智化发展的关键是智能化，要求更全面的数字化，目标是实现更精准的控制，更智慧的决策。智能电网将向数智化坚强电网演进，主要体现在数字贯通、智慧跃升、深度互动，柔性灵活四个方面。数字贯通方面，在智能电网对主要设备和各条块信息化、数字化的基础上，数智化坚强电网更加强调"元件、设备、场站、系统"的全面数字融合贯通，实现各环节、全流程的数字化、信息化，消除数据壁垒。智慧跃升方面，在智能电网实现系统感知、测量和基于物理模型的自动控制基础上，数智化坚强电网应用海量参数的人工智能大模型等高阶智能算法，实现分析决策、系统控制和管理水平的智慧化跃升。深度互动方面，智能电网主要在信息层面实现单方向的控制与数据收集，如对一次系统的自动化控制，对用户用能信息采集，数智化坚强电网则从信息层面的互动，逐步带动和实现电力供需的互动，电力系统的一次和二次系统互操作性显著增强，能够开展大范围的电力互济，实现源网荷储各环节之间信息流、能量流的全面深度互动。柔性灵活方面，数智化坚强电网通过广泛使用柔性输配电技术、多时间尺度储能技术，松弛了智能电网在能量实时平衡上的刚性约束，使得电网逐步具备了向非实时平衡能量配置平台功能转变的能力，电力系统的运行更为灵活，应对随机冲击的韧性显著增强。

数智化坚强电网的发展通过坚强主网建设、配网微网建设、调节支撑保障、数字底座升级、数智赋能提效、能源生态构建、科技创新攻关、市场机制建设等八大重点领域，最终形成以数智化坚强电网为核心的能源互联网生态圈，充分释放数智化驱动的能源电力新质生产力磅礴动能，有力推动能源创新发展、经济繁荣共享、社会和谐包容、环境清洁美丽、治理协同高效，共建全球能源命运共同体。

3

坚强电网发展重点

坚强电网发展重点是构建广域互联、交直流多态混联骨干主网架，提升跨区域电力互济及大容量清洁能源输送能力，形成多元双向混合层次的电网结构。打造可靠柔性配电网、灵活多元微电网，实现分布式清洁能源因地制宜、灵活高效开发消纳，传统和新型负荷柔性接入，主配微网协同融合。挖掘提升源荷储各环节灵活响应、调节幅度、资源聚合的能力，为系统提供充裕的平衡资源与安全能力。

3.1 坚强主网建设

3.1.1 重点措施

完善特高压和超高压主网架，协调优化各级输电网，提高电力输送及互济能力，推动跨国跨区互联互通，构建广域坚强的清洁能源资源配置平台。

1. 建设安全高效配置的各级输电网

以各洲各国需求和资源禀赋为基础，统筹特高压超高压等级序列、柔性直流技术、柔性交流技术等适用范围，建设适应清洁资源大范围优化配置、灵活调度要求的骨干网架，推动送端合理分组，受端合理分层分区。建设完善各级输电网网架，支撑直流大规模馈入和微电网、分布式电源友好接入，持续提升新能源消纳能力，打造适应高比例可再生能源汇集接入、多直流馈入的坚强电网平台，充分发挥电网平台的调节支撑和电力输送作用，确保电力安全可靠供应。输电线路技术参数见图 3.1。

图 3.1　输电线路技术参数

2. 提升跨国跨区电力互济水平

加强各国国内跨行政区域，以及跨国跨洲的互济通道建设，完善通道和各地区网架的衔接，优化线路落点与接入方案，充分利用大范围地理区域下负荷及清洁能源形成的时空差异、价格差异，形成大范围供需协同，支撑各类平衡调节资源的共享，降低边际电价，提升应对极端天气事件能力。跨国跨区电力互济典型曲线见图 3.2。

图 3.2　跨国跨区电力互济典型曲线

专栏 3.1　　　　　**中国特高压交直流互联电网**

　　从全球看，中国坚强主网建设发展具有鲜明特点，诠释了坚强主网的建设思路和卓越价值。中国已建成运行最大规模最高电压等级交直流互联电网，长期保持安全稳定运行，构建了大规模清洁能源消纳平台。未来，中国电力需求和资源禀赋逆向分布决定了跨区跨省电力流规模还将继续扩大，电网总体格局：西电东送、北电南供、互补互济。中国将继续构建安全可靠、结构清晰、交直流协同发展的特高压骨干网架。推动特高压交直流电网协调发展，完善各区域内特高压交流网架结构。完善各省级电网主网架，加强加密各地区 750、500 千伏主网架，优化完善 330、220 千伏电网分层分区，构建相对独立、互联互济的主网结构，满足新能源并网接入等对电网高质量发展的要求。

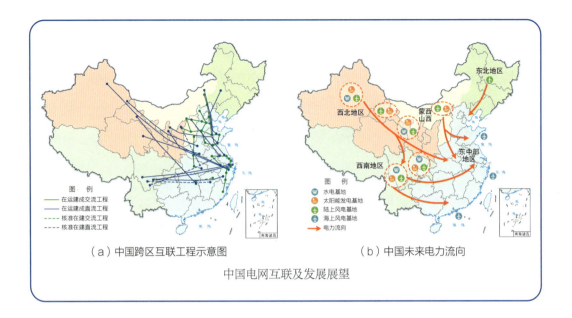

（a）中国跨区互联工程示意图　　　　　（b）中国未来电力流向

中国电网互联及发展展望

3. 打造清洁能源基地供给外送体系

提升大型清洁能源基地输送能力，加强源端互补协调。围绕清洁能源基地，统筹考虑送端资源条件、受端市场、输电走廊等因素，推动提高对可再生能源的配置和输送能力。加强大基地外送能力建设，统筹电力系统稳定运行必需的惯量、调节和支撑要素，保障清洁能源基地高效利用。新能源组网模式见图3.3。

陆上风光+火电 开发模式	• 基地多位于风光资源富集区，多远离负荷中心 • 基地仍以风电和太阳能发电电量为主，火电充当重要调节性资源，能够提供一定惯量支持 • 基地对火电调峰能力提出了更高要求，以实现较为稳定的功率输出
陆上风光+水电/ 新型抽水蓄能 开发模式	• 基地多位于大型流域或新型抽水蓄能调水路径 • 水电具有较强的季节特性，对水风光一体化基地运行提出更高要求 • 基地总体调节性能强，水电、新型抽水蓄能等提升基地新能源发电利用率
陆上风光+储能/ 电制燃料 开发模式	• 基地清洁化水平高，但以电力电子设备为主，缺乏传统惯性要素 • 构网型技术、分布式调相机等应用将缓解风光储基地运行难题 • 抵御非常规天气和气候能力相对较弱
海上风电+电制 燃料/储能 开发模式	• 与陆上风电相比，利用小时数和单机容量显著提升 • 海上风电基地通常距负荷中心较近，易采用就近消纳 • 海上风电+电制燃料是海上新能源基地发展的重要方向，融合发展模式多样

图 3.3　新能源组网模式

交、直流输电技术快速发展，为新能源基地组网与送出提供更加多样的"工具箱"。通过输电技术优化组合可综合考虑交流组网与送出、交流组网直流送出、直流组网与送出等形式。新能源基地类型、消纳市场以及涉网条件等因素是决定基地组网送出方案的关键因素。从基地类型看，分为陆上和海上新能源基地，陆上新能源基地主要包括"风光储＋常规电源""风光＋储能／电制燃料"等，海上新能源基地主要指"海上风电＋储能／电制燃料"等；从消纳市场看，分为就近消纳和远距离送出，就近消纳主要通过本地电网消纳新能源电力，远距离送出主要通过建设外送通道消纳新能源电力；从涉网条件看，对于陆上新能源可分为强送端和弱送端，主要从系统短路比、系统惯性、有功无功支撑等方面综合研判；对于海上新能源基地根据其距海岸线位置可分为近距离并网和中远距离并网，可形成海上直流互联电网。结合新能源构网技术、交流技术、柔性直流技术等优化组合，提出各类新能源基地组网与送出方案，形成应用方案集，如图3.4所示。

组网与送出应用场景

基地类型			消纳市场	涉网条件	可选方案
新能源基地	陆上新能源基地（风光储＋常规电源、风光＋储能／电制燃料）		就近消纳	强送端电网	低压交流组网＋本地交流电网（LS-N-1）
				弱送端电网	低压交流组网＋本地交流电网（LS-N-1）
					构网型新能源机组组网＋本地交流电网（LS-N-2）
					低压交流组网＋构网型VSC＋本地交流电网（LS-N-3）
			远距离送出	强送端电网	交流组网＋常规LCC送出（LS-R-1）
				弱送端电网	交流组网＋常规LCC送出（LS-R-1）
					构网型新能源机组＋交流组网＋常规LCC送出（LS-R-2）
					低压交流组网＋构网型VSC＋常规LCC送出（LS-R-3）
					交流组网＋VSC柔性直流直接送出（LS-R-4）
					中压直流电网组网＋常规直流LCC送出（LS-R-5）
	海上新能源基地		就近消纳	近距离并网	低压交流组网＋中高压接入陆上电网（HS-N-1）
				中远距离并网	低频风机组网＋低频交流接入陆上电网（HS-N-2）
					跟网型风机组网＋双端柔性直流接入陆上电网（HS-N-3）
					跟网型风机组网＋多端柔性直流接入陆上电网（HS-N-4）
					构网型风机组网＋二极管不控整流／VSC混合直流接入陆上电网（HS-N-5）

图3.4 新能源基地送出应用方案集

专栏3.2   中国西部送端基地互联与协同开发

中国西部是清洁能源大规模送出区域，建设的大型新能源基地，多处于交流主网末端，远离受端负荷中心，基地和系统灵活调节手段不足，现有送端电网难以支撑远期新能源大规模开发，支撑基地并网和外送的能力不足，系统安全稳定运行问题比较突出，需要扩大互联，通过可控机组、调相机、构网型装备等加强灵活调节能力与电网稳定性。例如，西南区域不同地区之间，风电整体出力比单独出力平均小时级波动减少 36%～49%，光伏整体出力的日最大出力置信水平较各地区提升 20%～140%；不同能源品种间风光具有较强日内互补性。西南水电与流域近区风电具有较强的季节互补特性，与风光发电均具有一定程度的日内互补特性，以水电为支撑进行水风光协同开发，可实现区域级和跨区域清洁能源协同高效开发。

西南水风光年内互补特性（典型年份）

西北、西南区域在电源结构、负荷特性和灵活性资源禀赋方面具备较好的互补性。西北西南跨区联网能够实现负荷错峰、备用共享，减少系统装机需求，可减少最大负荷 3600 万千瓦，平抑西南地区负荷波动；实现调节资源跨区共享，促进新能源开发利用。西南地区灵活性资源丰富，仅考虑水电的调节性电源占比超过总装机的 50%。西北、西南电网互联后，西南水电等灵活性调节资源可在西北发挥作用，减少西北储能需求，提高西部新能源整体开发利用规模，降低系统运行成本。

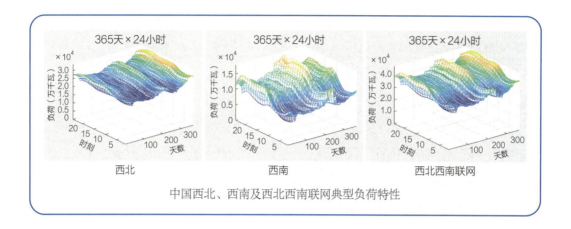

中国西北、西南及西北西南联网典型负荷特性

3.1.2　技术实践

1. 特高压交直流输电

昌吉—古泉 ±1100 千伏特高压直流输电项目（见图 3.5）是中国新疆准东能源基地电力大规模外送的配套工程，西起新疆准东昌吉换流站，途经新疆、甘肃、宁夏、陕西、河南、安徽 6 省（区），东至安徽宣城古泉换流站，将西北的能源"打捆"远距离外送至华东，有力推动新疆能源基地建设，将资源优势转化为经济优势，缓解华东地区

图 3.5　±1100 千伏昌吉—古泉特高压直流输电线路

电力供需矛盾，保障华东地区能源安全，满足地方经济社会发展需要。该项目额定输送功率 1200 万千瓦，直流额定电压 ±1100 千伏，直流额定电流 5455 安，直流线路长度 3284 千米，每极 2 个 12 脉动换流器串联，是世界上电压等级最高、输送容量最大、输送距离最远、技术水平最先进的特高压输电工程。

福州—厦门特高压交流项目（见图 3.6）起于中国榕城变电站，途经长泰变电站，止于集美变电站，新建 1000 千伏长泰变电站，扩建 1000 千伏榕城变电站、500 千伏集美变电站，新增变电容量 600 万千伏安，新建双回 1000 千伏输电线路 234 千米。该项目于 2022 年 3 月开工，可提升福建电网外受电能力 400 万千瓦，提高华东特高压交流主网架支撑能力，保障福建北部清洁电能外送和南部负荷中心受电，支撑闽粤联网工程发挥闽电送粤功能，更好地服务沿海地区经济社会发展。

图 3.6　福州—厦门 1000 千伏特高压交流

特高压交直流输电技术是构建大容量、大范围坚强电网的关键技术。特高压交流输电技术单一通道输送能力约 1000 万千瓦，最大输送距离超过 1000 千米。主要用于主网架建设和跨大区联网输电，同时为直流输电提供重要支撑。截至 2023 年底，全球有近

20 回特高压交流工程投运。目前特高压交流工程变电站造价约 13.6 亿元 / 座，线路造价约 440 万元 / 千米。特高压直流输电技术额定输送容量 800 万～1200 万千瓦，输送距离可达 2000～6000 千米。相较于传统超高压直流输电技术，具有输电容量更大、输送距离远、单位损耗更低等优势，是实现大规模电力远距离输送、电网互联的关键技术。截至 2023 年底，全世界投运的特高压直流工程共有约 26 回，其中中国 21 回、巴西 2 回、印度 3 回，总里程近 4 万千米。

2. 柔性交直流输电

张北柔性直流输电项目（见图 3.7）通过中国张北新能源基地、丰宁储能基地与北京负荷中心相连，旨在推动张北坝上地区的新能源送出，支持北京电力供应绿色低碳转型，是集大规模可再生能源的友好接入、多种形态能源互补和灵活消纳、直流电网构建等为一体的重大科技试验示范项目。该项目是世界上电压等级最高、输送容量最大的柔性直流电网工程，是世界首个输送大规模风能、太阳能、抽水蓄能等多种形态能源的四端柔性直流电网。

35 千伏柔性低频输电项目于 2022 年 6 月在中国台州实现首台低频机组并网。2023

图 3.7　张北柔性直流电网试验示范工程

年 5 月，世界首个 220 千伏也是中国首个 220 千伏 /30 万千瓦 /20 赫柔性低频输电工程在浙江杭州投运，这也是当前电压等级最高、输送容量最大的柔性低频输电工程。

柔性交直流输电技术能够显著提升电网控制的灵活性。柔性直流输电具有完全自换相、有功无功潮流独立控制、动态电压支撑，系统振荡阻尼和黑启动等技术优势，是实现清洁能源并网、孤岛和海上平台供电、构建直流电网的新型输电技术。柔性直流输电基于可关断电力电子器件绝缘栅双极晶体管组成的电压源换流器（voltage source converter，VSC），目前已经达到 ±800 千伏、500 万千瓦特高压等级。截至目前，全球已投运的柔性直流输电工程有近 50 项，主要分布在欧洲、中国和美国等地区。随着大规模工程应用，目前柔性直流工程换流站单位造价为 600～1000 元 / 千瓦。柔性交流输电技术通常指基于电力电子器件的交流工频和低频等输电技术、设备。全球已投运多项柔性交流输电工程，主要分布在欧洲、美洲和亚洲（中国）。

3. 大容量海缆

英国—挪威海缆互联项目（North Sea Link）工程全长 720 千米，铺设深度最深达 700 米，采用 ±525 千伏高压直流输电技术，额定输电容量 140 万千瓦。项目穿越挪威和英国海域，连接挪威西南部的克威尔达尔和英国的布莱斯，能够充分发挥英国和挪威电力供应互补性，实现英国风力发电和挪威水电互补互济，有效促进电力跨区域交易。

全球跨海工程中超过 90% 为海底电缆工程，主要应用于海岛送电、海上平台用电、可再生能源开发、国际及区域性电网互联等方面。作为最早开发海上风电的区域，欧洲已成为世界上海底电缆工程最多、建设规模最大的区域，海缆总长度已超过 6200 千米，总输送容量超过 2200 万千瓦。海底电缆、跨海大桥电缆、海底隧道电缆和跨海架空线是目前实现跨海互联及海上风电输送的主要方式，海底电缆应用最为普遍。特高压直流海缆技术将是实现远距离、大容量跨海电力输送的关键技术，未来具有广阔的应用前景和巨大的综合效益。随着海上风电开发及区域跨海联网需求的增加，亚洲正逐步成长为重要的高压海缆工程应用市场。超高压级直流海缆价格逐步趋于平稳，但总体仍处于高位，一定程度上限制了海缆工程的更大规模应用。早期 ±200 千伏 /50 万千瓦级直流海缆单回综合造价为 100 万～150 万美元 / 千米，±300 千伏 /50 万～100 万千瓦级为 150 万～200 万美元 / 千米。最新 ±500～±600 千伏 /200 万～300 万千瓦级海缆，综合造价为 200 万～260 万美元 / 千米。

3.2　配网微网建设

3.2.1　重点措施

完善配电网结构，逐步形成柔性化互联，具备海量分布式电源和新型负荷承载力，促进主配微协同互动，推动配电网向综合配置枢纽转变。

1. 建设可靠柔性配电网

优化完善配电网网架结构，消除薄弱环节。 适度超前规划变配电布点，优化电网设施布局，应用先进配电技术，如柔性直流、大容量架空线等技术，提升单位走廊输电能力，改善城区配电网用地紧张问题。打造坚强网架，高压配电网以链式结构为主，中压骨干网以架空多分段适度联络和电缆环网为主，其他新形态作为补充。补强薄弱环节，系统梳理形成供电方向单一清单，有针对性地开展供电可靠性提升改造。常态化监测主（配）变压器重满载、线路重过载、电压越限等问题，提出针对性解决方案，消除供电卡口。加快推进乡村地区电网巩固提升工程，完善乡村电网网架结构，加强与主网联系，提高供电保障能力和电能质量，推动城乡配电网一体化发展。配电网结构形态见图 3.8。

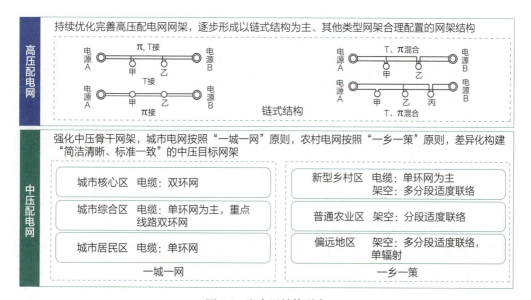

图 3.8　配电网结构形态

提升柔性控制水平。依托柔性配电设备、储能等装备，利用柔性交直流互联组网技术，实现多种网络形式的优化融合，推动配电网架构柔性化。形成中低压柔性互联、主配一体协同、一二次深度融合的新型配电网物理形态。相邻台区之间、配电网与上级电网之间、配电网与微电网之间广泛互联，形成立体交互的灵活柔性互联网架，适应多方向、概率化潮流分布，为各类资源的灵活、多向、柔性控制提供物理载体，实现配电网拓扑动态调整，促进就地自治平衡。配电柔性互联示意见图 3.9。

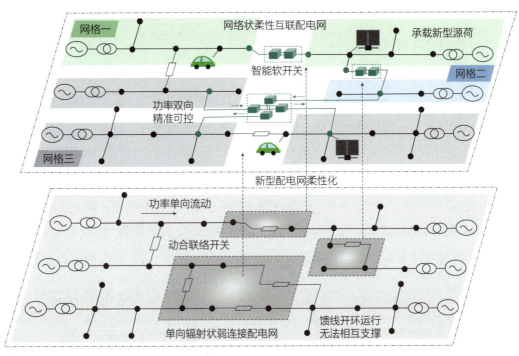

图 3.9 配电柔性互联示意图

配电网要结合全球各地区不同等级供电区的经济社会发展阶段、实际需求和承受能力差异化发展。根据不同情况，确定发展目标、技术原则和建设标准，合理满足区域发展、各类用户用电需求和多元主体灵活便捷接入，具体可以分为城市、乡村等不同场景。

城市场景： 城市配电网的发展目标是"网架与负荷柔性化、多类储能灵活配置"。一般可采用链式和环网结构，满足未来主要城市各类负荷的广泛接入、灵活互动及高可靠性供电的需求。考虑电动汽车、数据中心、智能家庭电器等直流类负荷快速增长趋势，结合技术经济性，可构建交直流混合配电网络或者直流配用电网。针对局部区域负荷的高供电可靠性要求，探索花瓣型、钻石型、蜂巢型等新型网架结构的适用性。通过交直流混合配电网分层控制，网架结构灵活调整、潮流灵活经济调度，实现柔性互联、消减源荷波动、台区间互济容余，形成对海量分布式电源、柔性负荷和储能装置的调控能力。通过柔性负荷互动调控，引导可调节负荷、新型储能等多元主体积极参与配电网调度运行。城市配电网发展见图3.10。

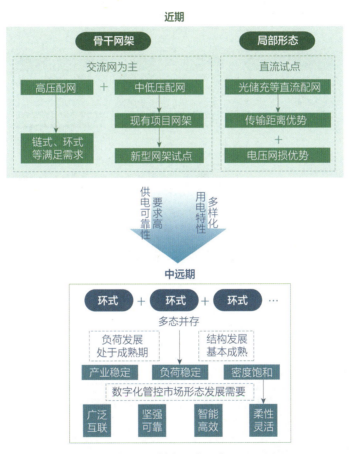

图 3.10　城市配电网发展

乡村场景：乡村配电网的发展目标是"分布式新能源和储能主导，与大电网互联互动"。自平衡型乡村配电网近期主要依托主网，加强配电网柔性互联，通过自平衡局域电网分层分群控制促进源荷就地平衡消纳，强化大电网备用调节作用，完善储能等调节资源机制模式。边远地区形成独立微电网。中远期微电网、微能网形态并存，电量自平衡比例超过 50%。分布式电源聚合型乡村配电网近期主要加强现有配电网网架改造升级，提升分布式电源分群调控能力，促进聚合分布式电源在更大范围的跨地区消纳，以自配自运等方式配置储能平抑新能源波动，直接参与电力批发市场，并承担系统平衡责任。中远期提升上下级电网资源配置能力，促进全面参与电力市场。乡村配电网发展见图3.11。

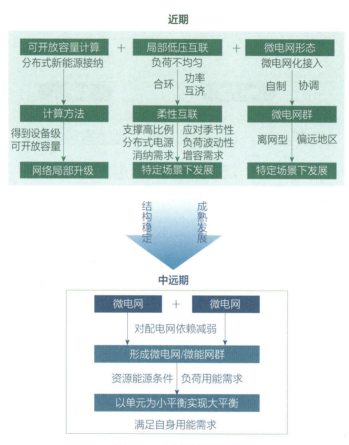

图 3.11   乡村配电网发展

2. 提升海量源荷承载能力

承载海量分布式新能源就地接入，有效扩大清洁能源供给。配电网需要有效提升对各类分布式新能源的接纳、配置和调控能力，适应分布式新能源发展速度。推进城市、乡村、港口等配电设施有序扩容、扩大柔性互联范围。科学确定分布式电源发展规模、地域分布、增长速度等，引导各类新能源科学布局、规划有序衔接。常态开展电网承载力分析，推动分类规范开发模式，促进就近接入、就地消纳，加强分布式发电运行监测、推进柔性调控。深化高比例分布式光伏接入技术研究，引导提升并网技术性能，制定完善的分布式涉网标准。**适应海量电动汽车、热泵（空调）等多元主体灵活接入和双向互动**。开展不同场景下电动汽车充电负荷密度分析，建立配电网可接入电动汽车充电设施容量的信息发布机制，引导充电设施合理分层接入中低压配电网，积极发展光储充等新型接入方法。加强双向互动和条件匹配分析，科学衔接充电设施点位布局和配电网建设改造工程，助力构建城市面状、公路线状、乡村点状布局的电动汽车充电基础设施网络。

3. 加强主配微协同

把智能微电网纳入电网发展全局，深入开展规划建设、运行控制、运营模式等技术攻关，推动提升微电网自管理、自平衡、自调节能力。通过配微协同提高配电网供电可靠性。当配电网发生故障或检修时，微电网可以迅速切换至孤岛模式，保障关键负荷的供电，从而大大提高配电网的供电可靠性，增强配电网柔性调控能力。充分发挥微电网在电网末端的源网荷储资源优化配置与灵活管控能力，微电网成为配电网内柔性可调的资源聚合单元，推动配电网与微电网的分层协同调控。提升配电网经济性和资源互动性。通过优化能源配置和调度，降低能源损耗，提高能源利用效率，从而降低配电网的运营成本。同时，微电网还可以为主网提供电力辅助服务，如调峰、调频等，为电网安全提供支撑。主配微协同实现"区域协同—网格互供—台区自治"的多层级协同管控架构。配电网层级的分布式（构网型）电源接入，使其能够向主网提供部分灵活功率调节和电压、频率主动支撑能力。协调各层级的变量和指标，能够在日前、日内、实时等不同时间尺度上，分层分级地完成静态及动态调控量的有效分解，实现对端口的有功与无功支撑。微电网、配电网和输电网形成灵活可靠的分层体系，能量优化调度水平大幅增强。主配微协同示意见图 3.12。

依据配电网需求、新能源资源特点、负荷用能特性等因素，因地制宜发展多类型微电网。**工业园区微电网**。工业园区用能集中、需求量大，消耗资源种类众多、用能规律明显。建设多种能源协同互补、智能互动的智慧园区微电网，系统整合各类配套资源，实现能源效率优化和降低用能成本；通过在远离市区、靠近新能源资源区的地区建立工业园区微电网发挥资源优势、降低建设成本。未来工业园区微电网在智能优化本地各类电源（光伏、风电等）、热源（热机、燃机等）、冷源（压缩机、空调等）、储能（电池、蓄热、蓄冷等）运行方式的基础上，推动园区工业生产与能源供应耦合调控，实现能源流和生产流的统一融合，灵活规划能源供应计划与生产过程的动态衔接，挖掘能源电力

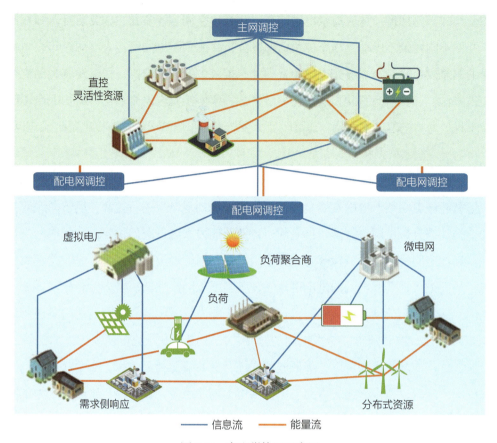

图 3.12　主配微协同示意图

供应灵活性和响应能力，在完成生产任务的基本要求下逐步实现工业园区微电网与大电网的灵活互动。**商业园区、楼宇微电网**。商业园区为城市产业聚集和生产生活的主要载体，是智慧城市建设核心内容。楼宇作为城市和商业园区的核心基础设施，其智能化是智慧城市建设的重要组成部分。未来商业楼宇微电网将成为微电网建设的普遍场景之一。通过部署各类智能感知设备和电力电子控制设备，以智能控制算法为平台，以"监测—分析—预测—优化"的用能管理闭环与"巡检—预警—处置"的电能管理闭环实现多能协同和梯级利用，打造智慧零碳楼宇，使楼宇逐步具备自主营造更舒适、更安全、更节能、更环保工作环境与生活空间的能力。**海岛及偏远地区微电网**。结合海岛生产生活的用电需要和清洁能源资源禀赋，推动海岛或偏远地区形成多片区、多要素互补的灵活微电网及微电网群，推动源网荷储就地高效协同，大幅降低保障供电可靠性成本，成为推动电气化向深度发展的有效手段。

3.2.2 技术实践

1. 中低压台区柔性互联

配电网柔性互联示范项目（见图 3.13）位于中国江苏南京的某科研办公区，配电网络长期存在负载分配不均问题。中心实验楼 1 号配电变压器日平均负载率 70%，峰值负载率可达 80%，在距其 400 米的配电楼有 1 台轻载变压器，日平均负载率不足 10%。通过采用柔性互联装置，对区内用电负荷进行有效管理分配，将中心实验楼日平均负载率控制在 60%，提高台区的能效和供电可靠性。

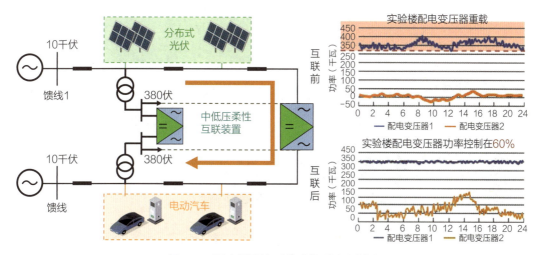

图 3.13　配电网柔性互联示范项目示意图

柔性互联技术作为配电网柔性化转型的重要手段之一，是通过电力电子开关调控两侧馈线的功率交换，优化系统潮流分布，实现原本相对独立的台区之间灵活、高效的互联互通。一方面通过功率精准调控能力，实现低压网络互联和电能互济，优化设备运行工况，有效提升了配电网供电可靠性，减少停电事件的发生；另一方面通过智能调度系统，实现电力资源的优化配置和调度。通过强化对分布式电源、储能等多样化资源的接入和消纳能力，并优化运行效率，提升了配电网承载能力和运行经济性。

2. 中低压直流配用电

如图 3.14 所示，**中低压直流配用电示范项目**位于中国江苏苏州，是全球规模最大的直流配用电系统，覆盖 23 个直流台区，供电范围超 25 平方千米，供电容量达 3.7 万千瓦。工程分为主网侧、配电侧、用户侧 3 个部分。研发 ±10 千伏 / 兆瓦级系列成套直流变压器、±10 千伏系列成套直流开关、直流线路、分布式电源等系列保护装置及故障恢复系统并在示范工程中应用。直流负荷包含工业注塑机等工业负荷，充电桩、照明等市政负荷，户用能量路由器等民用负荷，以及数据中心等，实现了多种网络拓扑灵活切换、–10 ~ +10 千伏电压连续可调，增强了系统运行可靠性，使光储充等场景运行能效提升 9.1%。

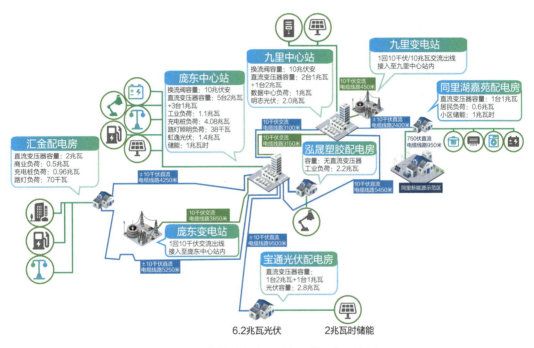

图 3.14　中低压直流配用电示范工程示意图

3. 微电网

医院微电网示范项目位于美国加利福尼亚州凯撒医院，配置停车楼屋顶光伏 250 千瓦，储能配置为电池储能 1000 千瓦时，用电设施为 LED 节能照明设施，清洁能源年发电量 36.5 万千瓦时，是美国首个连接生命维持系统的微电网项目，如图 3.15 所示。该项目是加州非大学医院首次部署大规模太阳能、电池和自动电源调节和控制系统，首次实现了电力系统在"正常供电"和"维持生命安全"两方面的耦合。与在某些情况下必须关闭的传统系统相比，后一种状态允许设施在公共电力供应不足或不可用时进一步支持关键的生命维持系统。项目中的新型控制架构在公共电力供应中断期间提供至少 3 小时的电力。

图 3.15　加州微电网项目及屋顶光伏内景

3.3　调节支撑保障

3.3.1　重点措施

充分挖掘源、荷、储各环节灵活调节资源，积极构建完善储能体系，推动可控电源发展与转型，激发负荷侧灵活潜力，提高整体资源配置能力和灵活性，多元联动保障系统安全稳定灵活运行。

1. 构建多时间尺度储能体系

构建具备灵活性调节能力的储能体系，包括超短时、短时、长时和超长时多时间尺度。超短时应用需要储能提供秒级功率调节，对储能的响应时间、效率、循环寿命要求较高，适合采用飞轮储能、锂离子电池等技术。短时应用需要功率调节与能量调节相结合，对功率等级、循环寿命要求较高，适合采用电化学电池等技术。长时储能应用侧重于能量调节，适用于采用抽水蓄能、重力储能、压缩空气储能等技术。超长时储能应用需要储能提供数日甚至数周的能量调节，要求储能功率和容量能够分别实现，具有存储容量大、能量成本低等特点，适合采用氢储能、储热等技术。加强构网型储能建设，发挥"电压源型"装备作用，重点解决转动惯量不足导致频率变化快、暂态频率偏差大、新能源多场站（广义）短路比不足带来的电压支撑能力弱，阻抗特性差导致宽频振荡风险增加等问题。不同应用场景下储能技术的适用度见图3.16。

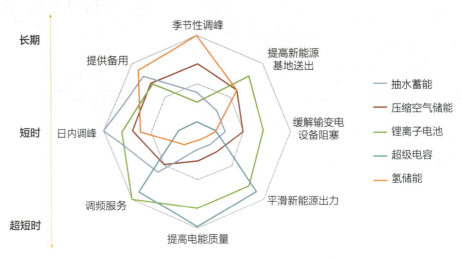

图 3.16　不同应用场景下储能技术的适用度

依据储能在电力系统中发挥的作用和配置的环节，将应用场景分为电源侧、电网侧、用户侧三大类。电源侧，主要用于提高新能源场站（基地）送出能力，跟踪计划出力及平滑发电输出，为系统提供调峰、调频等辅助服务。电网侧，主要包括延缓输变电设备的升级与增容，提高电网运行的稳定水平。用户侧，主要应用于分时电价管理、容量费用管理、提高供电质量和可靠性、提高分布式能源就地消纳、提供辅助服务等方面。储能在电力系统中的应用需求见图3.17。

2. 因地制宜发展可控电源

各类可控电源如气电、水电、燃氢发电、光热发电、生物质发电等是向系统提供调节能力的重要来源。在必要地区发展气电项目并适时转为氢电，实施煤电机组改造升级，依托常规水电站增建混合式抽水蓄能，优化梯级水电流域调度，支持水电机组按需配置调相功能。随着新能源逐步成为电力电量供应主体，气电、煤电转变功能定位，发展为主要提供灵活调节能力。

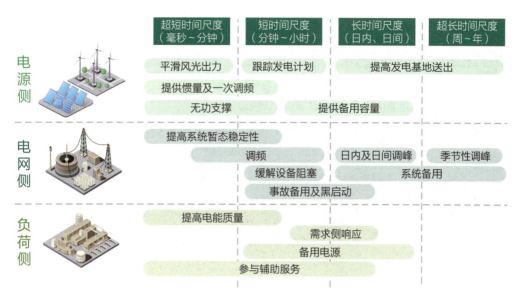

图 3.17　储能在电力系统中的应用需求

专栏3.3　德国可控电源调节实践

　　德国充分利用煤电、气电、核电等可控电源调节能力。技术方面，德国重点从优化最小稳定出力，启动时间，爬坡速率三个方面开展煤电技术改造，根据实际运行情况，降低最小稳定出力最为关键。角色定位上，煤电、气电向调节电源转型，年利用小时数大幅下降，其中 2021 年硬煤电厂已不足 2000 小时，核电也根据需求开展运行出力的调整。

煤电改造技术

部位	改造技术	解决问题
锅炉侧	锅炉低负荷稳燃	锅炉在低负荷下运行时，煤粉气流的着火距离增大，同时火焰对炉壁辐射损失相对增加，容易出现燃烧的不稳定，甚至锅炉熄火
	宽负荷脱硝	NO_x 脱除技术为选择性催化还原法，其要求烟气温度稳定在 $280 \sim 420℃$ 范围内，才能保证还原剂与催化剂的良好作用

续表

部位	改造技术	解决问题
汽轮机侧	通流设计与末级叶片性能优化	汽轮机在低负荷运行时，蒸汽流量减小，动叶片根部和静叶栅出口顶部易出现汽流脱离，造成水蚀
	机组热电解耦	热电联产机组调峰能力受到供热负荷的制约，随着抽汽供热量的增加，调峰能力将逐渐被压缩
控制与监测	提高负荷响应速率协调优化控制	锅炉惯性时间远长于汽轮机惯性时间，锅炉跟不上汽轮机调节速度
	水冷壁安全防护	水冷壁分布于锅炉炉膛的四周，是锅炉的主要受热部分。当锅炉出力处于低负荷或快速变化时将影响水冷壁的安全运行

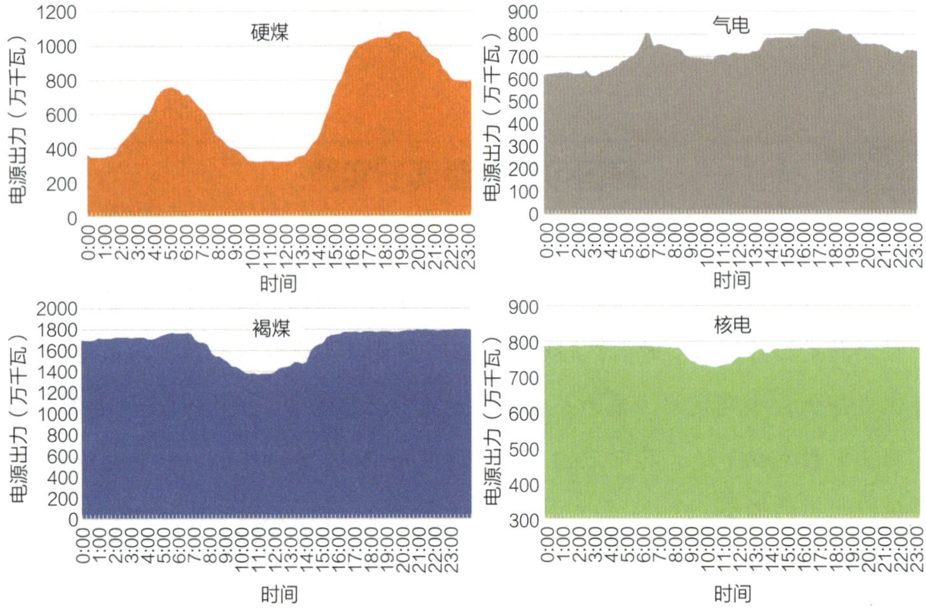

电源典型日调节曲线

3. 提升终端电气化率及调节能力

结合负荷特性分析，有序推进电能替代，推动建筑领域供暖、制冷、炊事等终端用电环节实施电气化深度改造，提升用能清洁化低碳化水平。因地制宜推进以电代煤清洁取暖，推进供热制冷领域电气化。推动港口岸电基础设施建设，推广电气化养殖、电加工、绿色物流等项目，提升乡村电气化水平。重点推动热泵、电动汽车、智算中心、5G 基站、电窑炉等新型负荷发展，发挥调节作用。构建分类多时间尺度可调节负荷资源库，标准化各类用电主体的调节能力、调节速率等性能指标，以匹配电网调节调用需求。推动负荷聚合，通过技术手段，将分散的负荷侧资源进行有效聚合，形成规模效应，提高负荷侧资源的整体调节能力。创新负荷侧资源参与市场的互动机制和运营模式，各类负荷主动参与能量流优化，实现能量流、信息流和价值流三流合一，海量资源与配电网充分融合，深度互动，具备智能化、深优化、高弹性特征。

预计 2050 年全球终端能源消费总量接近 150 亿吨标准煤，通过加速深度电能替代，终端化石能源消费将持续下降，2050 年化石能源占终端能源消费的比重下降至 23%，全球用电量占终端能源的比重达到 63% 左右。

重点考虑建筑电气化、电动交通、电制氢、信息用电四大新型电气化领域，能够在保障用户用能效果的前提下，通过削减或平移负荷的方式，提供灵活调节能力。

中远期全球各部门用电需求见图 3.18。

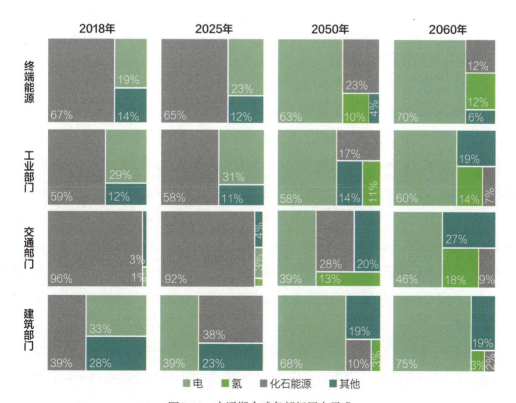

图 3.18　中远期全球各部门用电需求

考虑负荷调节的典型区域电网净负荷形态见图 3.19。

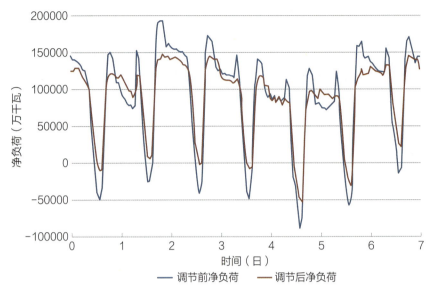

图 3.19　考虑负荷调节的典型区域电网净负荷形态

4. 推动多能源网协同融合

　　针对终端用户多种用能品类需求，推动构建以电网为核心的用能网络体系，在园区城镇、大型公用设施等区域，加强终端供能系统的统筹规划和一体化建设，最大化提升综合能源系统的供能、用能等效率，电、氢、热（冷）、气等负荷就地/就近协同互补、平衡调节。加强多时间和空间尺度下不同能源形式间的协同控制，促进各类能源网络的物理、数据、应用和业态融合，发挥网网协同优势，实现不同能源网络之间的能量转移和互济、多能协同供应和能源综合梯级利用，提高终端能源利用效率效益。电氢协同的多网融合形式见图 3.20。

　　绿氢将成为联结清洁能源和终端电气化的关键纽带之一。一方面绿氢作为清洁能源载体，可以实现大规模、长周期的能源存储功能，为系统提供长周期调节能力，应对大规模新能源并网带来的系统安全稳定问题。另一方面，绿氢应用于化工、冶金、航空、工业高品质热等不同工业部门，将推动这些行业实现间接电气化。以电氢协同推动电网—氢网融合，可以同时充分发挥氢易于大规模存储的优点和电能易于传输的特点。通过新能源就地制氢应对其发电出力的波动性和间歇性，解决电力供需的不平衡问题。氢

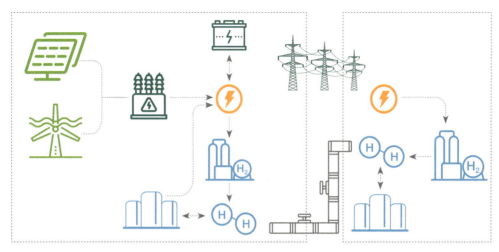

图 3.20　电氢协同的多网融合形式

是具有实体的物质，相对于电，更容易实现长时间、大容量的存储，但各种直接输氢方式都存在传输能量密度低、速度慢、成本高的缺点。电氢协同配置，既充分发挥氢能对电力系统供需矛盾的缓冲作用，又利用成熟经济的输电技术实现氢能的输送。未来采用电氢协同生产、电网氢网多网络融合模式具备显著优势。各区域内利用可再生能源发电就地制氢并利用、跨区直接管道输氢和跨区域输电相结合，最大限度发挥电网和氢网融合优势，成为零碳能源体系的有机组成部分。

3.3.2　技术实践

1. 新型储能

Megapack 锂离子电池项目位于澳大利亚维多利亚，建设两台 18 万千伏安、220/33 千伏变压器，连接澳大利亚电网公司穆尔布尔变电站 220 千伏输电线。特斯拉 Megapack 锂离子电池储能系统由电池模块、双向逆变器、热管理系统、交流主断路器和控制装置组成，封装于一个长 7.2 米、宽 1.6 米、高 2.5 米的机箱中，每个 Megapack 锂离子电池储能系统提供最大储能容量 0.3 万千瓦时。项目配套由特斯拉自主研制基于人工智能技术的自动化能源竞标软件平台 Autobidder，以实现实时能源交易以及电池优化运行。

锂离子电池储能是目前技术进步最快、发展潜力最大的新型储能技术。锂离子电池依靠锂离子在正负极的转移完成充放电，钠离子电池原理与其相似。锂离子电池储能综合性能较好，放电时长一般为 0.5 ~ 6 小时，可选择的材料体系多样，在电化学储能技术中占据主流。目前，锂离子电池储能循环次数为 5000 ~ 6000 次，能量密度达 200 瓦时 / 千克。受正负极材料、电解液、系统组件等成本的制约，系统建设总成本为 150 ~ 250 美元 / 千瓦时。

2. 电制热（冷）

热泵区域供热项目位于瑞典马尔默，采用氨为制冷剂，是瑞典首个基于氨的热泵供热系统，满足欧盟含氟气体法规有关要求。项目通过从废水中吸取余热，实现废热再利用。每年 10 月至次年 4 月，项目所有热泵 100% 运转；在夏季，其他可再生能源为供热网提供了足够热量，因此仅在夏季高峰时段需要 1 ~ 2 个热泵运行。

电制热（冷）技术将电能直接转化为热能或间接驱动媒介实现热能转移。当前，全球电制热（冷）领域用电量约 5 万亿千瓦时，占总用电量的 20% 左右，涵盖工业制热、居民取暖和公共服务等多个行业，是工业及建筑领域重点的节能和电能替代方向。具体包括建筑领域的热泵、分散电采暖、电锅炉采暖和电炊具等，工业领域的工业电窑炉、电蒸汽锅炉和金属电冶炼炉等。

3. 电制氢、燃料与原材料

氢电耦合示范项目（见图 3.21）位于中国浙江宁波慈溪，将电、氢、热等能源网络中生产、存储、消费等环节互联互通，以光伏发电、风电等新能源为主要电源，搭配制氢机、电化学储能等设备，实现"绿电"与"绿氢"相互转化，促进多种能源的协同转化与调配，形成以电为中心的电氢热耦合能源互联网示范。项目占地 12600 平方米，配有 0.4 万千瓦光伏、200 千瓦风电、0.3 万千瓦 /0.6 万千瓦时电化学储能、3/20/45 兆帕三级储能，支撑 400 千瓦制氢机和 10 台 60 千瓦直流充电机运行，研发了 2 台 200 千瓦高效电解制氢系统、2 台 120 千瓦燃料电池热电联供系统、多端口直流换流器等装备，实现绿电制氢、电热氢高效联供、车网灵活互动、离网长周期运行等创新实践。

电制燃料和原材料利用绿氢与二氧化碳、氮等化合生成甲烷、甲醇、氨等燃料与原材料，碳与氢作为能量载体，氢电耦合是深度减排的重要技术。此外，可以进一步合成烯烃、烷烃等有机原材料，替代石油和天然气作为化工原料，实现电的"非能"利用。**电制氢**主要包括三种技术路线，**碱性电解槽**技术发展成熟、设备结构简单，是当前主

图 3.21　慈溪氢电耦合示范项目

流的电解水制氢方法，缺点是效率较低，约为 60%。**质子交换膜**技术能有效减小电解槽的体积和电阻，电解效率可提高到 70%～80%，功率调节更灵活，但设备成本相对昂贵。**高温固体氧化物电解槽**技术利用固体氧化物作为电解质，在 800℃ 高温环境下电解反应的热力学和化学动力学特性得以改善，电解效率可达到 90% 左右，目前还处于示范应用阶段。**电制甲烷**技术路线主要为电解水制氢后通过二氧化碳加氢合成甲烷，选择性可达 90% 以上。德国、西班牙等欧洲国家已建立多项示范工程。在当前的技术和电价水平下，电制甲烷的综合能效在 50% 左右，成本为 1.5～1.7 美元 / 立方米。二氧化碳直接电还原制甲烷也是可行技术路径，尚处于实验室研究阶段。**电制甲醇**是制备其他液体燃料和原材料的基础。借助甲醇化工产业链可实现烯烃、烷烃等一系列有机化工原料的制备，摆脱对石油、天然气资源的限制获取有机原料。目前，较成熟的电制甲醇技术路线为电解水制氢后通过二氧化碳加氢合成甲醇，该工艺尚存在单程转化率低、催化剂易失活、能量转化效率不高等缺陷，电制甲醇成本为 0.9～1.2 美元 / 千克，高于煤、天然气制甲醇的成本（0.25～0.35 美元 / 千克）。

4. 局域综合能源系统

循环经济产业园项目（见图 3.22）位于中国江苏苏州，该项目优化调整园区产业结构，构建"光伏—储能—充电桩—天然气分布式"区域能源互联网络，推动企业能效水

图 3.22　苏州循环经济产业园俯瞰图

平提升，构建绿色高效交通体系。园区形成以清洁能源为主的能源消费结构，清洁能源占比超90%，2023年末累计并网光伏规模超29万千瓦，充电站315座，充电桩3038个。建成集污水处理、污泥处置、餐厨及园林绿化垃圾处理、热电联产沼气利用功能的循环经济产业园，2023年产出776.5万立方米清洁天然气输送至天然气管网。建成一批综合能源站项目，包括如月亮湾集中供冷供热项目，是江苏省大型非电空调、区域集中供冷项目；苏州中心DHC能源中心，是目前中国国内领先的大型城市综合体集中供冷供热系统。

综合能源系统通过对能源的生产、传输与分配（供能网络）、转换、存储、消费等环节进行有机协调与优化，形成能源产供销一体化系统。它是能源互联网和综合能源服务的物理载体，旨在实现能源的高效利用和可持续发展。综合能源系统强调对能源生产、传输、分配、转换、存储和消费等各个环节进行整体规划和协调优化。这种整体性的考虑有助于打破传统能源系统各环节之间的壁垒和隔阂，实现能源系统的高效运行和资源共享。综合能源系统涵盖了多种能源形式（如电、气、热、冷等）和多种能源转换与存储设备。这种多样性和灵活性使得综合能源系统能够更好地适应不同场景和需求下的能源供应和消费模式，注重可再生能源的利用和废弃物的回收再利用，有助于减少对传统化石能源的依赖和环境污染。同时，通过优化能源利用和管理方式，综合能源系统还能够降低能源浪费和排放，实现更加可持续的能源发展。

5. 构网型变流器

构网型储能站示范项目位于中国内蒙古额济纳地区，以构网型储能系统替代常规旋转机组为黑启动电源，跨越三个电压等级、260 千米线路、支撑 2 座新能源场站实现并网稳定运行。通过延伸电源覆盖范围、创新数据交互方式、开发高柔性控制系统、分时分类分级负荷控制，在特高比例新能源、无常规火电、源荷双随机波动等条件下，实现额济纳旗全县域特高比例新能源电力系统并 / 离网无缝切换和连续安全稳定运行 49 小时，其中百分百新能源、百分百电力电子装备的"双百"模式连续运行时间达到 22 小时以上。

传统的同步发电机具备建立电网电压和频率的能力，并能够在扰动下提供惯量响应和短路电流，支撑电力系统渡过暂态过程。新能源发电设备一般通过电力电子变流器接入电网，其并网特性由电力电子变流器的控制策略决定。根据其与电网同步方式的区别，一般分为跟网型（grid-following，GFL）、构网型（grid-forming，GFM）两大类。跟网型变流器的同步方式为通过锁相环测量并网点的相位信息，作为参考电压相位的基准，从而实现对电网的"跟随"，整体上对外表现为电流源特性。跟网型控制必须依赖较强的交流电网才能正常工作，当电网较弱时，输出电流对机端电压影响较大，容易导致跟网型电源在大 / 小扰动下失稳。构网型变流器的同步方式与同步机类似，通过与电网的功率交换来调整参考电压的频率，从而实现与电网的同步，整体上对外表现为电压源特性。构网型控制无需锁相环，具备自主构建电压、频率的能力，可以应用于在弱电网甚至孤网场景中，提供稳定的交流电压。

3.4 小　　结

坚强电网建设的重点在于构建各等级有序、交直流协调的骨干网架，提升资源配置能力，加快跨区域输电能力建设，推动清洁能源高效利用，充分发挥大电网广域配置能力。打造结构完善、清洁低碳、柔性灵活的新型配电系统，实现从传统的"无源"单向辐射网络向"有源"双向交互系统的转变，增强保供能力的同时，推动配电网在功能上从单一供配电服务主体向源网荷储资源高效配置平台转变。充分利用源、荷、储各环节灵活调节资源，整体资源配置能力大幅提高，联动协同保障系统安全稳定运行。

4

数智赋能发展重点

　　数智赋能发展重点是构建数字支撑底座，实现电网各环节全周期、深层次的全景感知，为各类场景智能算法提供海量数据资源。重点打造精准高效的量测感知、动态灵活的电力算力服务、全流程的数字孪生镜像、功能丰富的人工智能及大模型平台。在数字底座的支撑下，向内提升电网调度控制、运维检修、规划建设、经营管理的智能化水平，向外实现产业链上下游协同和新业态激发，生态圈创新构建和跨界拓展，能源电力和跨领域国际合作创新发展并持续深化，打造互联互通合作平台。

4.1   数字底座升级

4.1.1   重点措施

开展信息采集、传输、存储、处理、应用等数字基础设施建设，构建跨层级、跨专业、跨平台统一底座，逐步从数据、算力、模型、服务各个维度搭建**电网数智化基础设施**，基于标准化互联协议构建数据汇集、挖潜应用、智能计算、智能仿真、智能决策的统一环境，形成开放式的体系结构。从功能形态的角度，数字底座可构建 4 层架构，分别为**采集感知层**、**电算云化层**、**数实融合层**、**智能基座层**。采集感知层要实现各类感知设备全局统筹以及物联装备管理，在感知接入方面实现资源共享。电算云化层包括各类电力—算力协同云化计算中心、融合型计算设备。数实融合层统筹静态与实时大数据，通过统一电网模型对物理电网以数字化方式进行管理，形成虚拟空间的数字化电网。智能基座层基于人工智能和大模型提供广泛的智能服务支撑能力。数字底座技术框架见图 4.1。

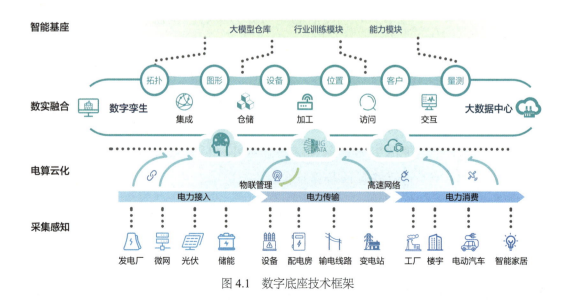

图 4.1   数字底座技术框架

1. 提升精准感知能力

以数字化推动电网内部全景透明、外部全息感知,建设电力数字基础设施,形成各类智能应用的数据基础。统筹优化数据采集感知布局,因地制宜形成所在区域的智能终端需求统筹措施,推动微型化、低功耗、自取能、高精度、抗干扰智能传感器的广泛应用,提升电网的全维度感知能力,实现各类感知设备统一接入、全局统筹、共建共享,按需提升多元主体采集感知深度广度,持续提升量测数据的接入时效性。推动对电网内外部的设备信息、状态信息、运行信息、环境信息的全面采集和智能感知。

数字感知推动电网全景透明。传统电力系统"发—输—配—储—用"各环节各节点之间彼此孤立,全链路存在大量难以协同的"哑设备"。数智化坚强电网通过大量应用小空间、低成本、易安装、易维护的小微智能传感器实现电网数据的"自由采集"。同时推动电力设备智能换代,引入 5G/6G、人工智能(artificial intelligence,AI)、大数据、IoT 等数字化技术与电力电子技术创新融合,实现电力流和数字流全链路互联,以各类发电设备和电网各环节各设备的数字化升级带动电网由机械 / 模拟型向电子 / 数字型转变。**在输电网层面**,依托二维码、智能芯片等智能识别技术,结合各类状态传感器、在线监测装置等感知元件,实现设备识别、状态感知无缝衔接。推动声学感知、网络感知、空间感知等新型传感技术应用,以及设备状态感知与本体一体化融合设计,实现电网设备状态全息感知。**在配电网层面**,推动各类数字化电力电子设备更新换代应用,数字化描述各类接入资源的特性,在保证各类分布式新能源足额消纳的同时,实现多元化负荷接入及互动需求,支撑资产—运行—作业多元透明,提升可靠性以及服务水平。

推动电网对气候气象等外部状态的全息感知。电网运行对气象气候的敏感性将随新能源并网规模和气象敏感负荷接入规模的逐步提高而变得愈发显著。推动电网对气象气候状态的实时感知是提高电网气候韧性、保障安全稳定运行的重要要求。电力—气象状态感知涉及气象数据共享、发电预测模型、风险识别预警等内容的深度融合。建立打通多维数据源的电力气象数据平台,实现对大气候、微气象、水文、水利、地质等外部数据的实时更新共享和与电网运行数据融合展示,并结合电力设备特性建立气候气象模型,大幅提升分析计算气象对电网设备影响的速度。以电力气象高精度结合实现新能源发电高精度预测和电网关键设备状态实时判断预警,为智能决策提供基础,保障电网安全稳定运行。

加强对分布式新能源的感知能力。分布式新能源分布广泛、布局分散、单体容量小、发电不确定，对分布式新能源的可观、可测已成为促进其高效并网和灵活调度，保障电网运行的基础要求。围绕分布式新能源科学有序规划开发和电网安全可靠运行等目标，需要依托大量智能感知终端和新一代通信网络实现对海量分布式新能源的广泛感知，推动分布式新能源实时状态数据与主、配网图模及运行数据、气象数据等多维度数据聚合。

采集感知层主要包括四个关键组成部分。首先是云边协同模块，通过确立技术规范，支持电网在各种应用场景下的实时数据分析和决策制定。其次是物联平台模块，拥有大规模设备的标准化接入、数据聚合和资源共享的能力，以满足数据安全接入和运营管理的需求，为大规模信息接入和采集提供汇聚平台，为多网融合互联提供基础。第三是高速通信模块，提供大容量带宽、高稳定性和双向互动的光纤骨干网络，应用各类信息物理系统融合技术，全面提高电网信息通信水平。5G 和 WAPI 技术用于大量终端数据的接入和安全高效的传输，具备标准化设备通信接口。最后是大量小微感知设备模块及智能检测装备，具备前置处理分析功能，实现对设备和负荷状态的全面感知。采集感知层示意见图 4.2。

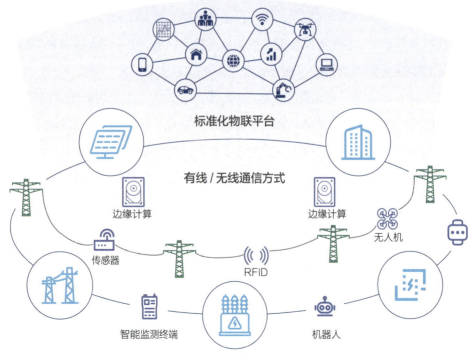

图 4.2　采集感知层示意图

2. 推动电力算力融合云化

电力算力融合协同形成新型综合云化服务形态。推动实现算力支撑电力运行、电力保障算力用能，形成一体化的资源供给与调配服务。以电力大数据为基础，以先进互联网技术为支撑，电力与算力融合是数字底座的关键形态，提升算力是推动电网各环节智能化升级、支撑各环节间能量流、信息流和价值流流动交互、提升电网全环节高效经济运行水平的关键保障。算力的高耗能属性决定了其与电力存在着紧密的相互耦合和支撑关系，电网在传输清洁电力的同时也将实现与算力的协同布局和融合发展。通过新型网络技术连接地理位置分散的各算力中心节点，动态实时感知各节点算力资源状态、电力供应充裕度和价格，实现全局范围算力统筹分配、分布式并行算力加速、计算任务调度及数据结果传输共享、绿色经济高效电力供给。通过杆塔融合、多站融合等方式推动算力与电力多层次的相近协同建设，实现电力技术与数字技术、电力设备器件与算力基础设施、电力要素与数智要素等多方面的深度耦合，充分发挥超大规模信息连接和数据处理能力，支撑实现电力系统源网荷储互动。

如图 4.3 所示，电算云化层在电力网络与算力网络深度融合的背景下，实现电力传输和信息流动深度整合，构建起数智化电网的能源电力云平台，为各类参与者提供一个

图 4.3　电算云化层示意图

全面的支撑体系，覆盖各种服务类型，可以服务于产业链的多个环节，为高级应用和服务提供基础支撑。通过促进电力与算力的融合及云化，实现对电网覆盖范围内计算资源的集中管理和调度，为各种平台和应用提供统一的算力支持，动态的资源调配方式能够适应算力需求的波动性、不确定性和突发性，从而减少建设和维护成本，并通过高灵活性和高扩展性的计算能力支持电力系统的运作。此外，充分利用计算负载的可调节性，发掘计算（数据）中心的需求响应潜力，通过硬件和软件的协同工作，进一步增强电力系统的运行效能。

3. 构建全流程数字孪生

电网全景数字化建模。建立电网关键设备—场站—系统多级的数字化模型，形成电网物理实体到虚拟空间映射。通过实时状态感知和即时共享数据传输及支撑平台，实现实体及虚拟空间的信息交互，形成数字化的实体支持。基于各类先进算法对平台数据进行演算，实现对电网关键设备运行状态的模拟仿真，达到电力设备数字孪生的效果。进一步通过虚实交互激活电网/设备的多源数据，尤其是实时运行的时空大数据，通过数据挖掘提供高维、量化、多层次的认知视角，辅助运行调控相关决策，形成数智化坚强电网智能监控运行的基础。

数字孪生技术支撑电网虚实交互新形态。未来数智化坚强电网数字孪生发展将呈现以下趋势：一是不断增强物理实体与虚拟实体的交互能力。在对物理实体呈现的基础上，提升不同模型的互操作能力，依托智能决策叠加反馈控制功能，实现基于数据自执行的全闭环优化。**孪生数据、物理模型和智能模型将形成数据自动闭环应用的强耦合关系**，孪生数据给智能模型提供训练源、智能模型训练生成决策建议、决策建议作用于物理模型形成真实数据校正孪生数据。二是与并行控制理论加速融合。在孪生体空间结合并行控制理论，形成伴随真实系统的并行描述、并行仿真、并行调控数字四胞胎并行架构。三是构建敏捷的人机融合交互系统。数字孪生未来会更系统地引入人的概念，增强人对数字孪生体的感知控制能力，在真实物理空间和虚拟数字空间搭建"信息—物理—人"交互的系统。四是数字孪生空间不断拓展，孪生范围由电力设备逐步覆盖完整主网，并拓展至城市配电网、乡村电网、微电网等，实现一二次设备模型及实时数据融合的动态孪生，支撑机理—数据联合的孪生体构建，形成覆盖电网各层级全流程数智化数字孪生空间。数实融合层示意见图4.4。

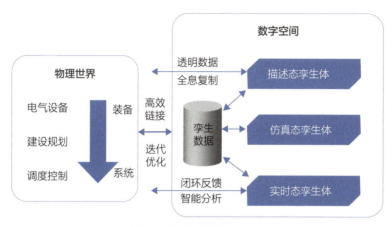

图 4.4　数实融合层示意图

打造精准反映、状态及时、全域计算、协同联动的数实融合层，利用数字技术标准化、内容结构标准化、交互协议标准化的显著优势，构建时空全维、内容丰富、机理精准的虚拟空间，统筹电力系统各环节感知和连接，为数据共建共享共用、状态在线分析、系统仿真计算打下坚实基础。电网数字孪生系统将实现设备交互化、数据交互化和应用交互化。系统内部充分应用现有感知设备，统筹优化新增感知设备部署策略，各类数据充分汇集共享、平台支撑能力开放、信息交互互联互通；系统外部通过公共大数据平台，支撑电碳管理、绿证绿电等业务。同步利用统一虚拟空间实现基础设施共享对接，以数字孪生系统为支撑平台，充分融合计算算力、网络通道和安全防护体系，使算力资源、通信资源和防护措施高效利用，全面满足电力系统全环节海量数据实时汇聚和高效互动需要。

4. 打造人工智能及大模型基座

随着电网数智化基础设施建设的不断完善，**电网大模型可为数智化坚强电网提供打通应用场景的智能基座**，为所有具体的智能化场景应用提供融合信息、数据分析和辅助决策服务。随着电网数据基础和算力基础的建设完善，电网大模型也将在各类数据和场景支撑的训练下提升智能辅助水平，提供基于各国各类实际需求的更有针对性的智能服务。同时随着大语言模型（large language models，LLMs）和多模态大模型（large multimodal models，LMMs）技术的不断进步，将推动未来电网大模型由对话式（chat）向智能体式（Agent）转型，更加全面服务电网全环节业务。智能基座层示意见图 4.5。

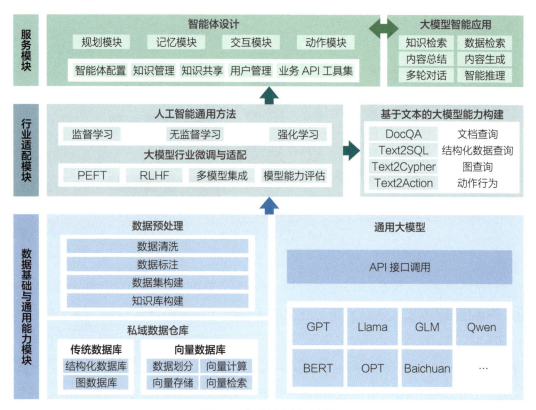

图 4.5　智能基座层示意图

大模型技术突破了原有各类数据驱动的机器学习方法存在的知识形式化难、模型泛化性差、重复建设率高等难题，为电力系统的低碳化、智能化升级开辟了新的道路。当前，大模型技术的发展路径正沿着多条路线同步推进。从功能发展角度，大模型包括基础通用大模型、行业专用大模型和业务 Agent 三类，越来越多的专业化、精细化数据为各类 Agent 的训练提供素材，反哺训练效果。从技术架构演进角度，大模型综合了"状态—策略"和"问题—行动"两个方面，形成了高效的感知、拆解、组织、行动和回馈链条。从人机协同模式角度，大模型通过与人持续"对话"获取反馈数据，逐步推动 AI 从辅助工具向主要工具演化，调整人机协同模式，使大部分工作通过非格式化的数据形式被机器学习，同时使个体的弱技能得到强化。全社会各行业应用大模型的思路和方案正逐步形成发展路径共识，即基座大模型、行业通用大模型、业务 AI Agent。能源电力领域的大模型基本架构也正在逐步形成，各类应用场景的初步使用也在不断向大模型提供学习素材，逐步训练其专业业务能力，形成螺旋进步的发展态势。

智能基座层由数据与通用能力模块、行业适配模块和服务应用模块组成。大模型技术的多层次技术特征和不同的训练重点与各层次相衔接，形成完整的智能基座结构。数据与通用能力模块，主要建立大模型和下层之间的高效通用接口，将各类数据依据权属和业务分类架构，搭建私域数据仓库和通用大模型仓库，分别与特性不同的大模型对接。行业适配模块，主要针对各类数据仓库进行处理，对通用大模型进行预训练，形成面向行业的大模型适配能力，重点解决电网运行和管理中涉及的横向、通用、跨系统的工作任务。服务应用模块，主要应用 LLM 等先进技术，重点开发面向各类具体场景的智能 Agent，将每一个 Agent 训练为既具备记忆、动作、交互等综合能力，又具备某项领域和业务专长的智能体，达到大幅度、深层次服务业务的目的，同时也推动各项业务深度智能化。

4.1.2　技术实践

1. 小微传感测量

粘贴型微型智能电流传感器由中国南方电网有限责任公司开发。有卡扣式和抱箍式两种型号，体积小、性能优，功耗均为 40 微瓦[❶]左右，体积分别为 6.0 厘米 ×2.7 厘米 ×6.8 厘米和 3.0 厘米 ×2.5 厘米 ×1.5 厘米，质量分别为 72 克和 11.5 克，测量精度均为0.5S 级。非侵入式电流测量原理如图 4.6 所示。

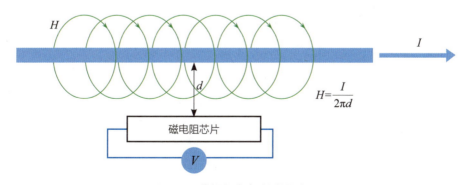

图 4.6　非侵入式电流测量原理

[❶] 1 微瓦（μW）=10⁻⁶ 瓦。

传感技术是实现物理世界和数字世界映射的基础，能够将状态或价值信息转换成电信号或其他形式数据输出，以满足信息传输、存储、显示、记录和控制等要求，电力系统应用传感器的目的是有效感知运行状态、及时排除系统故障。电力系统发输配用各环节已经广泛应用各类传感器，实现了对设备健康状态的实时监测，电力传感技术是实现电力系统可观测、可分析、可预测和可控制的前提。在能源网络规模越来越大、实时性要求越来越高的背景下，传感技术发展和进步的重要性与迫切性都被提升到前所未有的高度。近年来，先进传感技术的应用将能源电力系统推向新的发展阶段。小微智能传感器、光纤传感器应用了新机理、新材料，能够实现传感器的微纳集成与高度灵敏，实现对能源电力系统状态和趋势更加精准、快速的感知。

2. 能源气象服务

企业级能源气象服务由中国国家电网有限公司开发应用，实现从气象局、水利部、地震局等外部机构统一汇聚 5 大类公共气象数据，统筹 7 大类电力专业气象数据，沉淀多项公共气象服务功能，大幅提升气象对电网设备影响的分析计算速度，实现电力行业超大规模海量气象数据统一汇聚管理。电力气象数据服务中心示意见图 4.7。

八观气象大模型应用于中国国家电网有限公司山东电力调度中心，由阿里巴巴集团

图 4.7　电力气象数据服务中心示意图

达摩院开发，采用"全球—区域"协同预测策略，即在全球气象模型基础上引入区域多源多模态数据，在区域上预测时空精度最高可达 1 千米 × 1 千米 × 1 小时，进一步降低天气的不确定性给生产带来的挑战，为下游的负荷预测和新能源功率预测提供精准的天气预报。

能源气象服务体系是为能源生产、供给、消费和安全提供的全链条高质量气象服务。提供覆盖电源、电网、负荷、储能全链条全场景，短时临近至月、季全尺度无缝隙的一体化能源气象服务业务，实现小时、千米级的国家层面风能太阳能监测评估。目前，能源气象服务围绕提升电力气象预报精准性和电网防灾减灾能力，在灾害天气预警、信息系统建设、气象数据共享等方面深化融合，重点围绕电网受灾特点与致灾机理、电力气象监测预测及灾害风险评估、人工智能气象预报及新能源功率预测、电网防灾减灾等方向开展关键技术攻关，为电力气象科技创新点燃"新引擎"。

3. 高级量测体系

沙特智能电能表项目，项目参与方为沙特电力公司，达成安装上线成功率 90%，实现日冻结数据信息采集率 95%、平均电压电流曲线采集率 95%、负荷曲线采集率 95%，实现 500 万只双模、窄带物联网（narrow band internet of thing）及 4G 等不同通信方式电能表的自动注册、数据采集及设备管理。该项目是沙特为实现"2030 愿景"实施的重大项目，为沙特建设智能电网和智慧城市的重要组成部分，也是目前世界上单次部署规模最大的智能电能表项目。部署的智能计量方案实现了结算数据按需自动抄读、推送，表端告警实时推送，运维消缺工单及时派发，提升了沙特电力公司工作效率，沙特本土防窃电水平及数字化水平得到了显著提高。终端信息通信采用双模和窄带无线通信方案，满足用电环境和气候特殊性，如无高层民用住宅、用电线路地埋入户、大功率空调全年使用、信道噪声较大、电力线载波环境条件恶劣等要求。

基于智能电能表的高级计量体系属于计量自动化系统，主要包括智能电能表、通信网络、量测数据管理系统等，用来测量、收集、储存、分析用户用电信息。高级量测体系是提升感知能力的重要实践形式，利用双向通信系统和智能电能表，定时或即时取得用户的多种量测值，如电压、电流、用电量、需量等信息。高级量测体系在双向计量、双向实时通信、需求响应以及用户用电信息采集技术的基础上，支持用户分布式电源与电动汽车接入和监控，实现电网与电力用户的双向互动。

4. 数字孪生

TwinEU 项目受到欧洲地平线（Horizon Europe）计划支持，在 11 个欧盟国家试点数字孪生技术，致力于创建泛欧电力系统数字孪生系统。系统涵盖三个不同的层次，即自适应孪生联合层、数据/模型共享基础设施和服务集合。该系统由多个独立的数字孪生系统组成，通过标准化接口实现互联互通，允许不同部门或组织协作共享和利用数据，从而在整个欧盟范围内支持更高效的运营管理。TwinEU 系统架构见图 4.8。

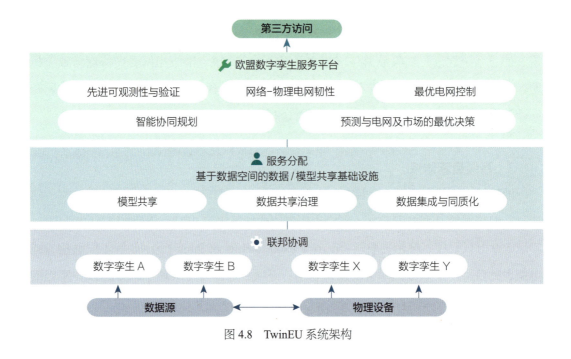

图 4.8　TwinEU 系统架构

数字孪生变电站项目（见图 4.9）以中国海南海口大英山 220 千伏变电站为样本，构建数字孪生变电站，对传统物理电网进行数字化映射，构建全新的数字孪生电网形态，实现生产运行状态实时在线测量，物理设备、控制系统和信息系统的互联互通，支撑了全电压等级全链路的电网拓扑分析，提供物理电网数字化转型实践案例和数字电网平台落地应用示范。

数字孪生充分利用传感技术对物理实体进行感知、数据存储、仿真和知识整合，集成了多学科、多物理量、多时空尺度的仿真分析，在虚拟空间中形成数字映射，从而实现物理实体与其数字孪生之间全生命周期内的数据转化与连接。数字孪生的概念最早出现在 2003 年左右，由密歇根大学的迈克尔·格里夫（Michael Grieves）教授在产品全

图 4.9 数字孪生变电站示意图

生命周期管理课程中提出。直到 2010 年，"数字孪生"一词才正式在 NASA 的技术报告中出现，随后被广泛应用于航空航天领域，包括机身设计与维护、飞行器性能评估和故障预测等应用。从功能角度来看，数字孪生应用依赖于物理基础设施的支持，将物理世界中的产品、服务和过程数据同步至虚拟空间。虚拟空间中的模型和数据会与实际应用过程进行反馈交互。通过输入物理世界的实时信息和相关激励，数字孪生系统可以输出包括预测、仿真、优化和健康监测等实时分析结果，具备互操作性、可扩展性、实时性、保真性、闭环性等典型特征。

5. 人工智能及大模型

光明电力大模型是中国首个千亿级多模态行业大模型，由中国国家电网有限公司于 2024 年 12 月发布。"光明电力大模型"的参数达到千亿级别，通过多模态融合实现了文字、图片、视频等多形态数据的分析，同时涵盖电力行业丰富的文本、图像、视频、语音、时序、拓扑等数据，以及广泛的标准、规程、制度、规范等经验知识，模型的推理能力、分析能力和电力专业能力都大大加强。光明电力大模型已在电网规划、电网运维、电网运行、客户服务等多个领域得到应用。在电网规划方面，可辅助业务人员实现重过载问题的精准诊断并及时"对症下药"。例如针对福州夏季的气温和用电情况，精准定位重过载设备，从运行方式、设备容量、网架结构、负荷特性等方面推理问题成因，给出解决建议。在电网运维方面，可自动生成精准的设备"体检报告"。通过自动读取 8 类 154 个量测点实时和历史数据，逐一排除、综合分析，给出换流变压器等设备的评估报告及建议。在电网运行方面，光明电力大模型具备强大的智能交互和推理决策等能力，可快速生成满足调度运行高实时性、强可解释性需要的负荷转供策略。在客户服务方面，可实现供电方案智能编制，实现了作业模式新突破，带来了客户办电新体验。

人工智能大模型电力服务由迪拜电力水务局（DEWA）联合微软公司（Microsoft），将生成式 AI 技术嵌入 DEWA 的电力服务系统，以改善客户的互动体验，并可协助员工开展日常业务，如图 4.10 所示。该项目可协助 DEWA 员工借助生成式 AI 工具更顺畅、更高效地开展日常运营工作，更便捷的构建智能软件和应用程序；也可协助 DEWA 客户监控自身用能情况，实现快速获取年度、月度、每日的个人能源分析材料，并可生产定制化的用能节能评估与建议报告。

图 4.10　迪拜生成式 AI 电力服务系统

AI 利用机器学习和数据分析方法赋予机器模拟、延伸和拓展类人的智能能力，本质上是对人类思维过程的模拟。与传统的自动化相比，人工智能具备深度学习、跨界融合、人机协同、群智开放、自主操控等特征，在计算智能、感知智能和认知智能方面具有强处理能力。人工智能技术具有应对高维、时变、非线性问题的强优化处理能力和强大的学习能力，技术应用涉及电力系统发、输、变、配、用全环节。生成式人工智能大模型技术是目前高阶人工智能技术的前沿应用之一，在人机对话、文本生成、逻辑推理等领域已取得显著成效。

4.2　数智赋能提效

4.2.1　重点措施

推动电网各环节智能化升级，实现调度运行、电网运营、规划建设、仿真分析、负荷调控等方面的提质增效和进阶式升级，保障电网安全稳定经济运行、韧性提升。

1. 调度控制系统升级

基于对各类电源电网设备状态的全面感知和对负荷的监测，建立智能调度中台，推动智能调度控制技术应用，优化各类调节性资源运行方式，提升电网运行灵活性，促进电力供需高效协同，形成智能调度运行体系。

输电网调度运行：基于电网内外部状态全景感知数据，发挥数据驱动的事前预测和事中预警的作用，提高对新能源出力、负荷的预测精准性。应用混合增强智能调度等技术辅助电网调度决策，发挥电源互补特性，深度融合储能技术、柔性输电技术，充分挖掘各方资源控制调节潜力，提升电网运行灵活性，实现全时空平衡优化、源网荷储协同控制、智能在线决策。随着电网大模型和各类智能技术应用成熟，逐步扩大智能体辅助决策边界和内容，大、小模型结合，探索适应电网结构、管理体制和运行实际的电网人在回路（human-in-the-loop，HILP）调度运行机制，建立人机协同的数智化调度运行体系，迭代提升感知—认知—决策能力，保障大电网安全稳定运行。

配电网调度运行：分布式新能源设备出力的间歇性、反向供电场景下造成的电压突变与潮流变化、电力电子设备对电网运行造成的谐波污染等，对配电网运行提出新挑战。配电网运行控制的核心目标之一是加强常态情景下的电网稳定，配电网运行控制从粗放型向数智化精细调控转变。基于对各类设备的状态感知和能源电力云服务，运用"云边协同＋人工智能"架构以平台资源聚合实现柔性负荷调节。应用配电网潮流优化调度、柔性控制切换等技术，提升配电网跨台区电力调节能力，保障配电网在应对源和负荷波动以及发生随机扰动时能够正常有序运行，最大程度降低故障发生率。适应配电网向新型有源配电系统转型，提升配电网与微电网协同互动能力。

在数字底座基础上，智能调控系统工作可通过 3 大系统实施。

1）监控及模拟系统。物理系统的实时信息进入运行监控系统。运行信息汇集，监视、操作和控制功能整合，实现运行管理业务的集中操控和提供友好的工作环境。

2）运行控制系统。基于人机协作过程开展决策控制，通过评估任务情况以及人、机能力，将调控任务分配给人（调控人员）或机（AI 系统），见图 4.11。随着 AI 能力的提升，将有更多任务自动化的完成。AI 调控系统可考虑两类发展路径，一是采用基于机器学习的方法替代传统求解器，实现从问题参数到解的端到端映射，主要依靠相似的模型及参数分布；二是将机器学习结合现有的数学优化求解器，帮助求解器做更好的

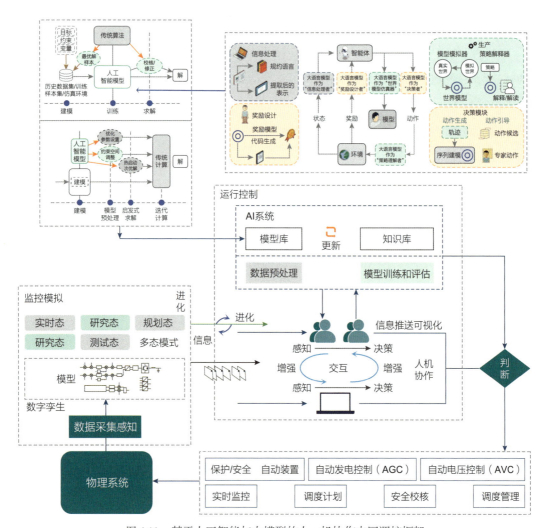

图 4.11   基于人工智能与大模型的人—机协作电网调控框架

决策，从而提升优化的精度和效率，主要考虑优化问题自身的特性与复杂度。在第一种路径下，大模型可以通过多种方式进一步增强强化学习模型的处理能力，直接生成控制策略或优化子环节。各子环节可包括处理或修改从环境中接收到信息，以过滤不必要的自然语言信息；奖励设计师，设计适当的奖励，以帮助代理理解复杂场景并加速学习过程；在行动选择过程中生成合理的行动；在行动选择后，解释策略选择背后的可能原因，帮助人类监督者理解场景。

3）辅助管理系统。开展业务流程协作，智能系统的实时数据与生产系统的设备数据融合，调度业务信息一体化流转。

2. 提升主动防御能力和系统韧性

随着大量电力电子设备分散接入，电网故障特性逐渐复杂，需要发挥数智化技术在数据处理、高效仿真、智能决策、学习迁移等方面优势，增强电网对电力故障的事前预判、事中防御、事后恢复能力，**提升电网弹性和韧性保障运行安全**。

仿真分析：应用数字孪生和数字仿真技术，高效仿真计算电网海量运行方式，推演分析电网内部（如设备故障）/外部（如极端天气灾害）故障场景，分析故障后果及其发生概率，识别电网运行薄弱环节，形成故障应对方案库。

主动防御：推动电网保护由"事件驱动"向"信息推动"转变，融合对电网内部/外部风险感知预判，建立**数智化坚强电网主动防御体系**，如图4.12所示。

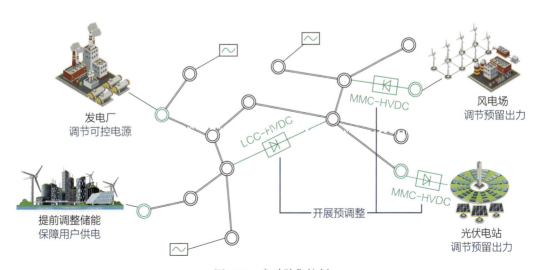

图 4.12　主动防御控制

基于电网全景全时段状态感知及气象预报数据，在线评估电网安全态势，通过风险预测、预警和预控，实现安全风险主动防御。基于对设备状态和外界信息的实时监测对电网进行风险评估，实时"预调整"控制策略、动作判据和保护定值。同时发挥电力电子设备调节快速、可塑性强的特点，充分利用海量异构控制资源，实现大范围多资源协同快速紧急控制，构建分级风险防控的主动防御体系。传统电网保护依赖人工整定和上下级整定配合，适用于相对确定的电网运行方式。面对未来数智化坚强电网多级协调、多源互动、运行方式频繁变化、接线方式复杂等特点，将体现出显著的不适应，继电保护方法和原理面临升级，将由仅传递跳闸信息的"事件驱动"模式转变为传递包含故障位置、故障类型、故障持续时间等故障全景信息的"信息驱动"模式，为后续稳定控制和故障自愈提供更加精准的依据。

故障自愈：应用人工智能大模型等先进数智化技术，实现电网在线运行方式分析、调度智能辅助决策和故障后恢复供电方案自动生成。依托站域分布式保护系统，统筹电源容量、负荷可靠性要求与网络传输约束等因素，通过供电恢复路径推演，实现源、网、荷间的自适应匹配，在满足功率平衡约束前提下，最大程度地恢复供电，逐步形成智能自愈电网。对于配电网，重点利用数字化识别手段，提高对复杂联络线的管控水平，逐步实现"故障范围最小化、恢复供电最大化"。

3. 加强源荷灵活互动能力

推动先进电力负荷管理系统建设和应用，实现各类资源广泛并网互动。优化虚拟电厂等新业态，常态化参与电网调节，扩大资源聚合和市场化交易规模，实现各类负荷侧资源灵活智能参与系统运行，为系统提供需求响应、调峰、调频等灵活调节能力。依托人工智能和大数据技术，通过对气象数据、历史运行数据等进行分析，实现对新能源发电和用电负荷的精准预测为源荷匹配提供精确的数据支撑。加强车网互动 V2G 技术的模式验证和成效评估，推动车—桩—网一体化，加强车网互动资源参与电网运行调节的技术支撑，扩大应用规模。提升用户侧储能接入管理能力，服务储能资源参与市场化交易与电网平衡互动。虚拟电厂发展阶段见图 4.13。

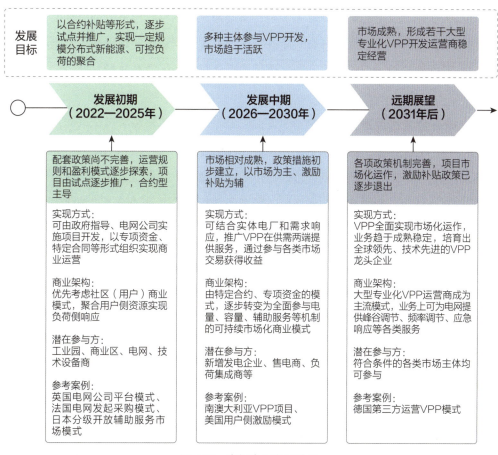

图 4.13 虚拟电厂发展阶段

4. 提升运维无人化智能化水平

推动无人机、机器人等智能设备在巡检、运维等业务中的应用，重点加快在危险程度大、风险系数高、作业条件恶劣等环境下的替代人工作业。推动开展电网线路和设备的可见光/红外数据采集、声纹局放检测、设备绝缘喷涂、激光清障等作业，利用智能化手段进行精细化巡检、通道巡检、故障特训、工程验收、安全督查、带电检测、辅助检修等业务应用。构建融合多源信息的工程本体状态与外部风险感知体系，实现重要输电线路灾害风险智能预警。卫星导航已经可为电网业务应用提供实时厘米级、后处理毫米级精准定位服务，以及纳秒级高精度授时服务，满足电网规划、基建、运检、营销、调度等业务领域对高精度位置等服务的需求。融合无人机、卫星定位、高精度气象、地理信息融合系统等跨学科技术，以无人机应用为核心，逐步形成电力低空经济新业态。

建立分布式新能源发电运维监测体系，整合新能源建设运维过程多个环节标准，量化评估运行效率和运行质量，优化分布式新能源运行方式，同步解决建设规划监测问题、生产运行监测问题和建设成效评价问题，更好支撑分布式新能源高质量发展。

5. 提高全流程经营管理质效

提升电网智能规划、建设水平，利用数字化信息化手段丰富源网荷储全要素数据与全时空资源信息，丰富智能规划、诊断评价等场景应用，强化全过程、全流程等业务支撑。建立数字智能营销系统，在各环节关键业务流程的数据关联嵌入，深化设备全过程贯通建设应用，促进经营效益提升。基于高级计量体系等平台的营销管理系统实现业务标准化及流程规范化，支撑自动化客户管理、电费抄核收、客户服务等业务。推进三维数字化建设，实现三维数字化模型与工程同步建成移交，支撑线路廊道等隐患预警、安全分析及维护管理等应用。

4.2.2　场景实践

1. 新能源高占比智能调度场景

电力调度是为了保证电网安全稳定运行、可靠供电、各类电力生产工作有序进行而采用的一种有效的管理模式，是电力系统运行的"中枢"。电力调度机构对发电、输电、变电、配电、用电等环节进行统一组织、指挥、指导和协调。传统电力系统采取的调度运行模式是"源随荷动"，用一个精准可控的发电系统，去匹配一个基本可测的用电系统，并在实际运行过程中滚动调节，可以实现电力系统安全可靠运行。随着新能源占比逐渐提高，这一模式将从根本上发生改变，无论是发电侧还是用户侧都变得不可控。影响电力系统安全稳定运行的不确定性因素增加，电力调度运行迎来巨大挑战。电力系统中源荷双侧不确定性强，基于确定性进行电力电量平衡优化制定调度计划，造成的计划与实际的偏差难以通过实时控制进行平衡，需要考虑源荷不确定性进行电力电量平衡优化决策。智能优化调度考虑了负荷及新能源预测、市场交易电量执行、机组发电能力、电网设备检修和电网安全约束。为了应对电力系统中新能源占比不断提升带来的挑战，智能优化调度加强不同时间尺度调度计划和运行方式安排的耦合性，如提前开展多时间尺度调度计划优化，合理安排运行方式，包括跨国跨区电网互济、国内检修计划安排和机组组合调整、应急电源开启等在内的方式安排等。同时，还将需求侧响应等新的可调节资源纳入考虑范畴，并依托技术手段提高精细度，提升系统电力保供能力。智慧调度系统方案示意见图4.14。

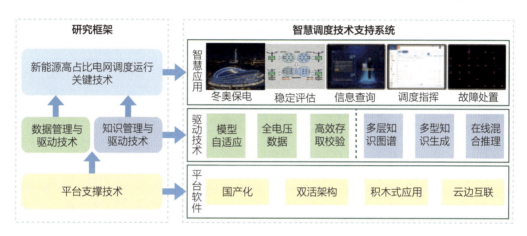

图4.14 智慧调度系统方案示意图

智慧调度技术支持系统，基于调控云平台，从基础平台、数据驱动、知识驱动、调度运行四个方面构建智慧调度技术支持系统，支撑新能源高占比电网状态实时监视及风险超前感知，实现典型大数据应用性能提升15%，基于多层知识图谱的电网故障推理和薄弱点识别平均时间不超过10秒，提高了新能源场站运行管理水平，提升新能源送出通道利用水平。该智慧调度技术支持系统已在中国冀北、天津、浙江、福建和四川等省级电网应用。

主动网络管理（active network management，ANM）**系统**应用于英国配电网，实现并网设备接入电网的容量可以灵活改变，而不严格满足其全部需求。基于主动网络管理的并网是灵活式并网的最高级形态，可以实现分布式电源的"即插即用"。分布式电源接入系统后，被统一监控，ANM运行潮流管理算法，当发现监测点电气量越限时，则计算需要消减的发电功率，并给相应的分布式电源发出动作指令。ANM分布式电源出力消减效果见图4.15。

2. 配电网自愈场景

"自愈性"是指配电网在面对极端事件时，能够快速适应、有效应对、及时恢复的

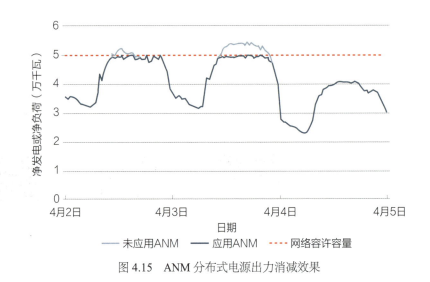

图 4.15　ANM 分布式电源出力消减效果

能力。极端事件具有"小概率、大影响"与不确定性等特点,容易引发城市配电系统大规模停电事故。传统配电网不具备自愈性,极端事件所引发的故障影响规模及范围可能进一步扩大,故障造成的损失对关键负荷和居民生活带来消极影响。在确保常态情景下的电网稳定外,城市配电网建设需要进一步提升故障应急情景下的电网应变水平以及极端情景下的电网恢复水平。如图 4.16 所示,自愈性配电网的建设与实现可分为三个阶

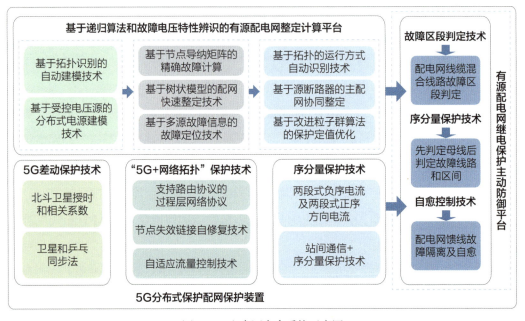

图 4.16　配电网自愈系统示意图

段：极端事件发生前，通过线路加固、强化配电网架构等电网改造以及分布式电源接入，提高配电网的抵御力；极端事件发生时，通过"孤岛模式"快速隔绝故障设备或线路，保证未遭受攻击部分安全稳定运行的同时，对故障进行精准定位与及时抢修，提高配电网的适应力；极端事件发生后，利用构网型分布式电源、储能设备、电动汽车等灵活性电源，通过需求侧管理的方式，协助负荷完成按供电优先级的多阶段恢复，提高配电网的恢复力。

钻石型配电网快速供电恢复系统应用于中国上海市电网。上海钻石型配电网全线配置自愈系统，10千伏开关站按母线段设置自愈保护控制装置，具备每个间隔的遥测、遥信、遥控功能，就地完成信息采集，远方自动执行自愈策略。自愈系统利用光纤通道，交换开关站间的开关量和故障信息，实现故障情况下秒级恢复功能，有效保障故障情况下负荷的转供能力。从故障停电时间来看，钻石型配电网开环运行，单一故障发生时可利用线路自愈切换，仅存在秒级停电现象，而常规双环网全线配置配电自动化，存在分钟级停电现象。从故障停电范围来看，钻石型配电网配置断路器，单一故障只停故障区段，而常规双环网故障后需先断开变电站出口断路器，然后利用配电自动化进行供电恢复，可能会造成全线短时停电，故障影响范围较大。

3. 智能巡检场景

电网线路是电力系统的"骨骼"，变电站是连接不同骨骼的"关节"。定期点检、重输轻配的电网巡检模式已不能满足电力系统发展带来的新要求，亟需"全、频、快、准"的巡检手段。智能巡检通过无人机、非电气量综合传感器、雷达球机等多种边端采集设备互相补充，对变电站、输电塔、线路及各类电网运行异常进行全面感知和监测。使用先进的人工智能，通过图计算、高级分析、无监督学习等相关技术，对包括设备历史缺陷记录、试验记录、运行状态与机理模型等多种相关要素进行深度学习，从而构建更复杂的设备缺陷诊断与预测模型，对设备当前运行状态进行综合评估与健康度分析的同时，基于多维影响因素模拟，对未来可能发生的设备故障风险及其原因进行更精准的预测，判断最佳人工介入的时间节点。

用户停电研判系统应用于中国陕西，基于低压台区逻辑拓扑关系，将停电事件精准定位到分支即表箱，通过可视化手段确定故障位置和影响范围。户表停电事件上报延迟大一直是提高供电服务质量的难点，为此中国国网陕西省电力有限公司应用融合终端一收双发小程序将户表停电事件上报至实时量测中心；并在云端开发了"用户分级停电研判"微服务，应用"流批一体"技术实现停复电事件实时聚合分析；最后将研判结果通过程序终端推送至供电所抢修人员。从发生停电到研判结果推送到抢修人员，整体闭环时间压缩到了 3 分钟以内。停电研判系统示意见图 4.17。

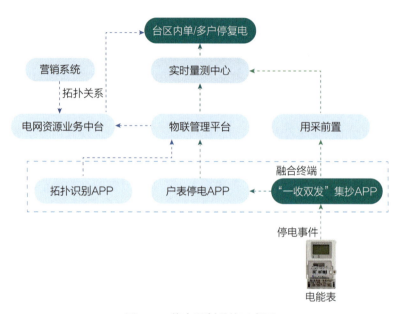

图 4.17　停电研判系统示意图

超高空长距离无人机应用于中国山东。导线巡检是输电线路巡检的重要工作之一，1000 千伏泉乐 Ⅰ 线和 Ⅱ 线横跨黄河两岸的铁塔相距 1315 米，输电导线受微风振动影响，容易出现导线断股等安全隐患，因此对导线本体的高质量巡检必不可少。同时，跨越黄河的 1000 千伏泉乐 Ⅰ 、Ⅱ 线全长 237 千米，沿途塔位多位于山区、丘陵等地理条件复杂地带，为输电线路导线巡检工作带来极大挑战，而传统的无人机巡检无法解决这些问题。通过研发出仿线飞行智能巡检技术无人机，利用激光雷达设备和双目视觉识别技术，部署深度卷积神经网络的算法，可实现基于仿线飞行的输电线路巡检、间隔棒巡检、树线矛盾巡检、导线异物检测、垂弧 / 相线距离测量，支持对输电线路导线的精细化巡检。无人机跨越黄河巡检时参数显示情况示意见图 4.18。

无人机巡检具有速度快、覆盖广、风险低、精细化等优点。无人机可以携带高清摄像头、红外热像仪、多光谱传感器等设备，对电力线路或设施等进行精细化的观察和数

图 4.18　无人机跨越黄河巡检时参数显示情况示意图

据收集，大幅提升巡检效率和准确率。无人机巡检可通过 4K 高清摄像头精细化抓拍巡检点的杆塔绝缘子、导地线等细节，并通过 5G 网络实时回传至智慧运检管控应用群。解决了长期以来电力人员进行线路巡视只能在地上通过人眼和望远镜远距离查看，存在视觉死角，无法精准判断线路、设备是否有隐患缺陷等问题。5G 的大带宽、高速率的优势，可以实现高清图像实时回传。一旦识别安全隐患，问题点信息和相关指令会传送至管理平台。

4. 源荷灵活互动场景

随着电动汽车、电制氢等新型负荷的不断涌现，需求侧可调节潜力越来越大，通过合理规划需求侧响应、虚拟电厂（见图 4.19）、有序用电等多元调节资源与多类型调节方式参与电力系统平衡助力新能源消纳，将实现电力系统从"源随荷动"向"源荷互动"模式发展。智慧源荷灵活互动通过先进信息通信技术和软件系统，实现分布式电源、储能系统、可控负荷、电动汽车等分布式能源资源的聚合和协调优化，参与电力市场和电网运行的电源协调管理模式。电力系统运行控制的主要发展趋势之一就是可调节能力来源从传统常规电源扩展到源荷多方面，融合调度各类可调节资源。

德国"下一代电厂（Next Kraftwerke）"虚拟电厂成立于 2009 年，是德国大型的虚拟电厂运营商，同时也是欧洲电力交易市场（EPEX）认证的能源交易商，参与能源的现货市场交易。其应用基于大数据的智能算法，通过开发的远程控制单元（next Box）

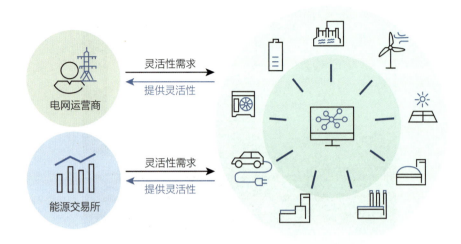

图 4.19   虚拟电厂运营示意图

将分散的电源和电力用户连接到其 NEMOCS 系统平台，提升可再生能源发电机组和工业用户的灵活性，提高对电力市场价格信号的响应速度，优化电动汽车运输作业与电网充放电的协同控制。

智慧车联网平台由中国国家电网有限公司建设，围绕加快构建开放、智能、互动、高效的新能源汽车充换电网络，集合了充换电设施监控、信息服务、资费结算、车辆服务等功能，推进了有序充电、车网互动、负荷聚合等车网协同互动业务，助力构建便捷高效用户服务体系，如图 4.20 所示。截至 2022 年底，平台接入充电桩规模超中国充电桩保有量的 30%，注册用户数达 1678 万，平台服务充电量累计达 81 亿千瓦时，累计助力减排二氧化碳 748.23 万吨。

5. 智能规划场景

电网规划依照设定水平年的负荷需求预测和电源规划方案，确定电网发展的技术路线、网架方案和建设时序，满足可靠、经济输送电力的要求。传统规划在各专业内的信息化建设主要以实现业务功能为目标，跨系统间缺乏统一的数据标准和结构，各系统独立建设，难以共享数据资源。长期以来只能采用线下收资、人工编制的模式，难以有效满足日益复杂电网规划工作任务。随着电网数智支撑能力发展，为规划业务升级奠定了坚实的基础，向"线上收资、智能编制"转变。

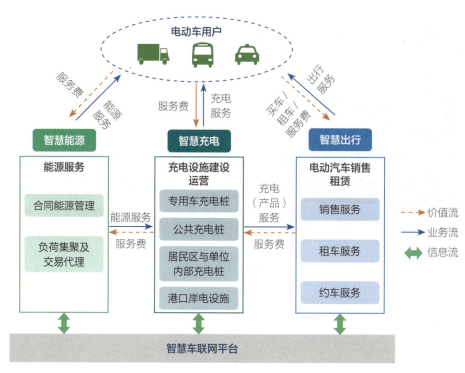

图 4.20 智慧车联网架构

电网一张图矢量分析应用于中国国家电网有限公司，能够直观展示电网的结构、设备和运行状态等信息。通过利用电网一张图的矢量分析功能，可以对新能源资源的开发潜力进行分析评估，为新能源接入提供科学依据。同时，结合路径处理功能，可以对架设线路的寻优方案进行计算分析，选择最优的线路路径。综合考虑负荷分布、新能源接入、储能电站特性、电力平衡、供电范围以及国土、交通、电网等专项规划和敏感区数据，如水域、自然保护区等，通过应用基于层次分析法的人工智能模型，智能避让敏感区域，分析电力传输路径，可以实现从起始变电站到终点变电站的高效、安全电力路径规划。电网一张图界面示意见图 4.21。

配电网中低压项目智能评审系统由中国南方电网有限责任公司广西电网公司开发。针对长期困扰项目评审中的堵点和难点问题，优化提升中低压配电网管理，实现配电网中低压项目智能评审。在基础数据获取上，打通配电网规划可视化系统接口，有效融合营销系统、GIS 系统，实现项目基础数据自动、实时获取；在设计方案展示上，基于新一代电网时空数字孪生技术，直观展示项目涉及的关键杆位信息、地物信息，重要穿越和交叉跨越点信息。

图 4.21   电网一张图界面示意图

4.3   能源生态构建

4.3.1   重点措施

发挥电网在能源体系中的枢纽作用，加强与产业链上下游协同合作，形成以电网为平台的能源生态圈，构建共商共建共享合作平台。

1. 引领全产业链数智化转型

发挥电网在能源体系中的枢纽作用，聚焦高端输变电、智能运检、电力调度、配用电等重点领域，加强与产业链上下游协同合作，促进发输配用各领域、源网荷储各环节，以及电力与其他能源系统协调联动。推动产业链供应链数据贯通融合，服务上下游企业智能制造和绿色低碳转型。数智化坚强电网建设不仅是对电网本身的创新性变革，更将带来推动促进相关产业发展的内在驱动力。在建设数智化坚强电网的进程中，一系列新要求新任务推动电网基础产业上下游高效互动、电网与新兴数字产业深度融合，最终形成相互贯通的数智化坚强电网产业体系。

面向电网基础产业，数智化坚强电网建设将推动以电能生产、转换、传输、存储、消费为核心的电网基础产业链结构向纵深发展，上下游产业相互延伸影响，成为高效协同的新型能源电力产业发展体系的关键环节。通过建设适应高比例新能源接入、多元互动、多能互补的数智化坚强电网，电力生产开发、电网建设运营、电力设备制造等产业链环节均需要深化数字化改造和智能化升级，推动电网基础产业链更加绿色、清洁、低碳、安全。数智化坚强电网建设对电网相关设备制造和建筑施工等，提出了更高的要求。电网的数智化升级首先需要更新升级大量先进数智化设备，研发调节能力强、气候韧性强的发电和输电装备，更高效的电能转换设备以及更智能的运行控制设备，促使相关产业进行技术革新和产品升级。同时，数智化坚强电网承载力不断提升，为下游电力消费产业如新能源汽车、电气化工厂、智能建筑、智能家居等产业发展提供了广阔的前景和推动力。数智化坚强电网的可靠供电能力、灵活调节能力和气候韧性能力也为这些产业的发展提供了坚实的电力保障。

面向新兴数字产业，数智化坚强电网建设本身就是新兴数字产业本体价值扩大的有效成果和跨界创新价值的显著体现。数智化坚强电网建设为大数据、云计算、物联网、人工智能等新兴数字产业提供了丰富的应用场景和数据资源。电网的数智化运行管理依赖这些数字技术实现对各环节物理实体的数字化，对海量数据的收集、存储、分析和决策支持，推动电力和算力的深度业务融合和基础设施融合，促使5G技术、大数据中心、云计算等数字基础设施加速成为能源数据信息传输、存储、计算、处理的一体化载体，促进数字技术适应电网物理特性和运行特点而形成创新发展的新赛道，也为类似技术在其他行业的应用提供了示范和经验。数智化坚强电网的建设还促进了跨行业融合创新。通过与交通、建筑、工业、金融等其他行业的深度融合，实现基础设施综合建设和优化升级，有效支撑智慧城市和数字乡村等新的发展需求。

2. 促进能源电力圈生态融合

推动孕育能源生态圈。围绕电力上下游产业链，依托数智化技术创新应用，加强与各利益相关主体协同互动，拓展与多能源供应系统、经济社会各用能系统相融互联，推动电网与各相关网络的多维互通、业态创新、市场建设等方面实现突破，形成以电网为平台的能源生态圈，推动能源、信息、社会系统深度融合。挖掘能源电力大数据价值作用，拓展新价值、共享新业态，开展智慧充电、智慧能源、绿色出行、能源气象数据服务、碳排放监测分析、绿色供应链等服务平台，推动各行业数据贯通，服务支撑新兴产业发展。

充分挖掘利用电力大数据经济社会价值。电力大数据具有价值密度高、分秒级实时准确、全方位真实可靠和全生态独占性链接的特点，其不仅仅有利于发电行业的碳排放核算和配额发放，也有利于其他行业纳入全国统一市场。基于数据要素的能源经济将推动电力市场、碳市场和能源数据市场的多方融合发展。首先，电网广域互联的特性使其与其他行业密切相关，钢铁、化工、建材、造纸等行业的用电数据，可以在一定程度上直接反映用能水平，作为辅助其他行业核算碳减排额度、参与碳市场的依据。其次，电力大数据的实时性使其具有实时分析监测作用，可以通过对用电企业的负荷波动特性识别，获取企业经营情况。最后，电力大数据可以反映经济的运行情况，通过"电力数据看经济"可以客观对比其他行业或地区纳入统一碳交易市场前后的区域经济、产业经济发展情况，为政府把控碳市场推进节奏、优化碳交易配额模式及方法提供决策参考。

电网在能源电力生态圈中扮演着天然的枢纽角色，未来随着数智化坚强电网的建设，能源电力生态圈所覆盖的能源生产、传输、分配、消费以及相关技术服务的各类主体之间的互动将更加频繁。数智化坚强电网除了负责电力的物理输送和系统的稳定运行外，还将发挥自身网络化、数智化优势，向生态圈各类主体提供先进的数据信息和分析算力，促进信息流、价值流的高效互动，推动能源生态圈内各主体的深度融合与协同发展。

推动数据共享和算力支撑。数智化坚强电网通过集成各类数字化智能化技术，实现能源供需各环节数据的实时采集、处理与汇集。基于电网建立透明、即时的信息交互机制和算力共享机制，将提升电力系统运行的透明度，帮助各类主体调整运营计划，减少能源浪费，提高整体能源利用效率。终端用户也能通过智能电表等设备获取详细的能源消费信息，促使其采取更加节能的行为模式。

推动政策与市场机制协调。依托数智化坚强电网强大的枢纽功能，发挥数据和算力汇集优势，为制定面向各类主体的政策和设计市场机制提供强大支持，包括财政补贴、税收优惠、市场准入放宽等，实现进一步促进清洁能源发展、激励技术创新、优化营商环境。有关部门还能够更加精准地监测市场动态，调整监管策略，确保市场的公平竞争与健康发展。市场机制的完善将进一步激发能源生态圈内企业的活力，促进资源的有效配置和价值创造。

3. 构建共建共享泛合作平台

加快推动跨国电力互联互通，以构建数智化坚强电网为契机，促进国家内部、跨国和区域间的清洁能源资源优化配置，推动数字化智能化技术研发应用和标准规范创新，加快推进多层次、复合型基础设施网络建设。以能源电力领域的互联工程建设、电力跨国贸易、数字化智能化合作，推动数字基础设施安全高效互通和能源电力数字经济合作，进一步推动拓展跨领域国际合作内容和深度。

4.3.2　场景实践

1. 环保监测场景

环保监测依托电力大数据平台，发挥电力数据真实、精准、权威的优势，根据排污不达标企业的行业集中度、月用电量、峰谷特性等特征，建立异常电量数据监控模型，高效甄别排污不达标企业在关停或整改期间的异常生产情况，并发出预警，为环保部门排查、清理、整治提供有力的判断依据。运用电力大数据助力政府部门将环境治理关口前移，从源头精准管控环境污染问题，实现对园区企业用能安全防控和事故精准预警，同时大幅减少环保设备和相关人力物力投入。环保监测系统示意见图4.22。

图 4.22　环保监测系统示意图

电力大数据助力污染防治攻坚系统由中国国家电网有限公司2021年4月上线试运行。根据监测类别，增添了"钢铁企业""涉重金属""危险废物治理""污水治理"等标签页和搜索功能，为生态环境部土壤生态环境司、大气环境司、固体废物与化学品司等部门，提供精准行业企业分析服务，并积极辅助开展监测工作，加快推动电力大数据和生态环境大数据的共享融合。对涉及大气污染物排放的企业，电力大数据经过筛选和分析，自动生成区域、行业用电波动分析，以数据化方式对符合条件的企业"画像"。以前环保部门的"污染源清单"根据地方统计年鉴一年一更新，存在滞后性，现在可根据电力数据对清单进行及时更新，通过分类施策，靶向发力，做好污染防治工作。

2. 电力征信场景

电力征信是整合电力客户的基本信息、长期用电记录、缴费情况、缴费能力等数据，结合利润贡献、设备装备水平等数据，构建的能源电力数据平台。采用大数据和人工智能技术对电力数据进行统计分析，建立用户信用评级指标和评分标准，进行用户信用评价，并分析客户信用变化趋势和潜在风险，形成基于电力数据、针对个人和企业的信用等级评估办法，服务金融、征信、消费等其他行业的发展。电力消费数据反映了能源消费个体的消费能力、信用等级和还款意愿等信息。从信贷反欺诈、授信辅助、贷后预警的角度出发对电力数据进行分析与应用，可破解金融机构对中小微企业"不敢贷""不愿贷"的难题，为银行、金融公司、政府机关等贷款审批、担保资格认定、任职资格审核的业务展开提供数据依据。电力金融征信体系见图4.23。

"电力大数据＋金融"模式由中国国网浙江电力杭州供电公司实施，为缓解中小微企业"融资难、征信慢"难题，中国国网浙江电力杭州供电公司创新"电力大数据＋金融"模式，与银行等金融机构开展深度数据合作，推出企业金融征信电力指数，为小微企业贷款提供电力金融信用评价报告，将贷款时间从原来的4天至5天缩短到20小时，让小微企业更快获得金融注资，实现达产增产。企业金融征信电力指数选取了用电增长度、用电稳定度、行业景气度、缴费信用度4个数据，前两者综合评价企业长期的产能增减和波动情况，行业景气度用于宏观评价企业所在行业的景气程度，而缴费信用度则用以摸排企业资金链状态，给出企业电力金融信用的总体评级、评分。

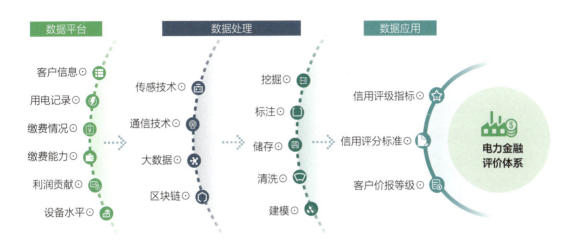

图 4.23　电力金融征信体系

4.4　小　　结

　　电网数智赋能的发展重点在于数字基础设施的构建、赋能提效以及生态圈打造。数字基础设施实现电网各环节精准映射、深度感知，形成一个跨层级、跨专业、跨平台的技术底座，提供统一基础环境。赋能提升调度、运营、规划、建设、仿真等方面的效率和效果，打造韧性电网，保障安全稳定运行。融合生态圈充分发挥电网的枢纽作用，产业链上下协同，形成共建共商共享的合作大平台。

5

全球数智化坚强电网

构建数智化坚强电网对全球能源变革转型具有至关重要的意义，将带来网络形态、数智动能、发展枢纽、合作平台等全方位优化升级，为清洁能源的生产、消费、配置提供强有力的支撑，在推动节能减排、可持续发展等方面发挥重要作用。全球各区域在推进数智化坚强电网发展的过程中，应充分考虑到自身地理环境、资源禀赋、基础设施、经济水平等方面的差异化特点，因地制宜确定数智化坚强电网发展重点，共同推动全球绿色低碳可持续发展。

5.1　亚洲数智化坚强电网

5.1.1　发展基础

亚洲电力消费量全球第一，清洁能源装机快速发展。 2022 年亚洲总用电量约 14.6 万亿千瓦时，占全球的 54%，2010—2022 年期间，用电量年均增速保持 5%；整体电力普及率约 99%；人均用电量约 3300 千瓦时，与欧美发达地区存在较大差距。亚洲清洁能源装机发展迅速，2022 年，清洁能源装机容量 18.7 亿千瓦，占总装机容量的 42%，其中风、光发电装机容量占总装机容量的 10% 和 14%。

各国电网发展水平差异较大，跨国电网互联具有一定基础。 中国已建成最高直流电压 ±1100 千伏、最高交流电压 1000 千伏的特高压交直流混合电网。日本、韩国、印度以及东南亚大部分国家已建成覆盖全国的 400/500/750 千伏交流主网架。但仍有部分国家基础设施落后，存在电力供应短缺、设施老化、传输效率低等问题，有偏远地区至今未能通电。中亚、西亚区域性电网基本形成，东亚、东南亚、南亚等区域内已建成多条跨国输电通道。

各国重视电网的智能化建设，未来发展空间巨大。 中国、日本、韩国和新加坡的电网数字化和智能化水平较高，其他国家根据自身发展情况，积极推广智能计量设备、加强电力监控和远程管理等。中国将新一代信息技术产业作为战略性新兴产业，以各类数字化智能化技术的广泛应用推动能源生产、传输和消费模式优化。日本和韩国通过实施智能电网项目，强调智能化运营和多种能源融合。新加坡更加关注优化电网技术和智能数字化管理，旨在提升能源管理效率和发展可再生能源。

专栏5.1　　　　　　　　　**新加坡数字孪生电网**

　　新加坡电网数字孪生项目由新加坡的能源市场管理局（EMA）、新加坡电网公司（SP）以及科学和技术政策和计划办公室（S&TPPO）共同完成，包含两方面内容：一是电网资产数字孪生，主要是用于优化新加坡电网资产（如变电站、变压器、开关设备和电缆）的规划、运行和维护，电网资产孪生体能够远程监控和分析资产的状况和性能，并及早识别电网运营中的潜在风险；二是电网性能数字孪生，主要是用于评估电动汽车、分布式能源对电网的影响，为SP提供分布式能源、新型负荷对电网影响的评估并分析在不同场景下所需的电网提升措施。通过数字孪生电网的应用，为SP更好地规划、运行和维护电网从而更有效地进行实际工作提供有效支撑，节省人力资源，促进电动汽车充电设施、太阳能光伏系统和储能系统广泛接入后的电网运营效率的提升。

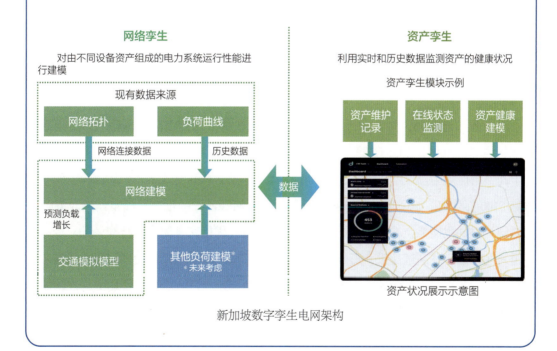

新加坡数字孪生电网架构

5.1.2 发展展望

亚洲是全球面积最大、人口最多、经济体量最大的大洲，是世界经济发展的重要引擎。当前，亚洲能源电力发展面临着较重的减碳任务，区域间发展仍不平衡，绝大多数国家为发展中国家，可持续发展与低碳转型之间矛盾突出，需要依托数字化智能化技术提升电力系统对清洁能源的接纳能力及配置能力，满足亚洲各国经济可持续发展的清洁用能需求。

亚洲数智化坚强电网建设的发展重点是秉持绿色低碳发展理念、坚持发展与转型并举，以推动能源生产清洁化、消费电气化、配置广域化、调控智能化为发力点，加强"西电东送、北电南送"的跨国跨区跨洲电网互联和各国主配微多级电网协同建设，促进以西亚—中亚—中国西北新能源、南亚北部—中国西南—东南亚水能为代表的横"人"字形清洁能源带大规模基地化开发，满足各区域负荷中心集中用电以及东亚工业园、南亚山区、东南亚岛屿以及中亚农牧地区等分散用电场景的供电需求，夯实电网数据量测和信息通信基础，加快数字化、智能化技术在电网上中下游全面普及，构建以数智化电网为中心、以清洁能源为主体的能源新生态，保障以东南亚"电—矿—冶—工—贸"、西亚"电—氢"为代表的跨领域、跨行业协同发展模式顺利实施，实现亚洲各国公平、均衡、可持续发展。亚洲电网互联总体格局示意见图 5.1。

网络新形态方面，亚洲洲内总体呈现"西电东送、北电南送"格局，跨洲向欧洲送电、与非洲互济。2035 年跨洲跨区电力流规模 9430 万千瓦，其中跨洲电力流 2300 万千瓦，跨区电力流 7130 万千瓦。2050 年跨洲跨区电力流规模 2 亿千瓦，其中跨洲电力流 5100 万千瓦，跨区电力流 1.5 亿千瓦，实现从大洋洲受电。亚洲整体形成五个区域电网互联的主网架结构。各国通过升级电压等级、优化交直流电网结构，进一步加强跨国跨区跨洲互联通道建设，形成"四横三纵"互联格局。跨洲建设多回直流通道，实现与欧洲、非洲和大洋洲互联。配电网发展面向亚洲地域广大、发展不均的特点，需因地制宜升级，大面积加强双向、链式网架结构建设，提升供电可靠性，逐渐利用各类柔性互联和智能技术实现智能化突破、柔性互动以及网架灵活重构。逐步试点建设微电网系统作为电力供应的重要补充，满足东亚的工业园区、中亚的农牧业地区、南亚北部山区、东南亚的岛屿以及西亚的农业灌溉和海水淡化等场景的供电需求。

数智新动能方面，夯实数据量测、信息通信基础，提高发输配用全环节的感知与控

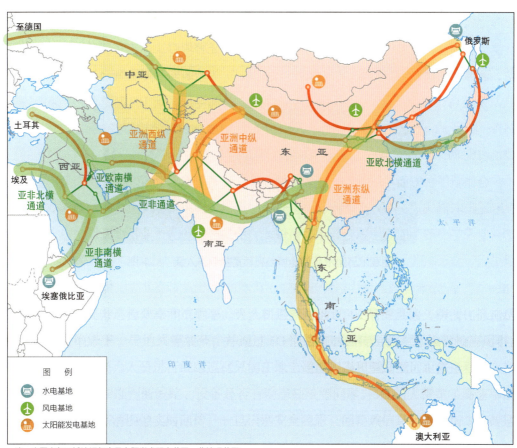

图 5.1　亚洲电网互联总体格局示意图

制能力，推动运行效率和能效双提升，逐步提升亚洲各国电网数智化水平。利用智能传感器、自动化控制和远程监控技术，实现集中式、分布式新能源发电的态势感知和风险预判。加快智能电能表部署，建设电能量采集及管理一体化系统，提升用户服务灵活性、友好性、便捷性，东亚和西亚的智能电能表覆盖率达到 80%。着重推动实时预测、智慧调度、精准预警和智能运维等核心技术深度协同，实现以清洁能源大基地高质量发展、复杂大电网运行调控、配电网自愈能力和灵活提升、电力服务升级等为重点应用场景的电网全流程智能化。依托区域电力数字化基础平台建设，为跨国电力协作的数据管控、共享交换提供支持，满足源荷动态精准配置和电网全流程智能化调控需求，提高南亚、中亚等地区电网运行效率，推动东亚、西亚实现电网广域互联、高效互动和智能开放。

发展新枢纽方面，同步推动中亚、西亚、俄罗斯远东陆上清洁能源以及东亚、东南亚海上风电的大规模开发利用，结合传统火电灵活低碳转型、源网荷多元联动匹配，提升清洁能源资源开发利用效率，绿色电力供给能力显著增强。逐步实现源网荷储高效互动、能源电力供需精准匹配，"风光水 / 氢（氨）"多能协同、多网融合，推动洲内能源电力系统高质量发展。2035 年接入清洁能源总装机容量达到 103.3 亿千瓦，装机占比 75%；满足 32 万亿千瓦时用电量。2050 年接入清洁能源总装机容量达到 198 亿千瓦，装机占比 87%；满足 48.6 万亿千瓦时用电量。

　　合作新平台方面，以数智化坚强电网为核心，基础产业、数字产业和新型产业协同发展逐步取得成效，有效推动产业转型升级。重点发展东南亚加里曼丹等地区的"电—矿—冶—工—贸"能源生态融合示范新模式，推动传统优势产业持续发展，逐步实现资金投入、资源开发、工业发展和出口创汇的良性循环；西亚借助区位优势，打造全球"电—氢"配置新枢纽，洲内送能至东亚，跨洲成为欧洲能源供应主力，将资源优势转换为经济优势。远期数智化坚强电网建设持续带动相关产业链全面升级，形成优势互补的区域合作新模式，保障亚洲能源安全和经济可持续发展。

　　亚洲电氢协同能源配置格局展望示意见图 5.2。

注：本图内各区域注记仅表示专题学术研究范围，非地理范围。

图 5.2　亚洲电氢协同能源配置格局展望示意图

亚洲数智化坚强电网发展重点

● 坚强主网建设

在各国扩大同步电网规模、优化电网结构、交流和直流协调发展基础上，加强跨国跨区互联通道建设，实现五个区域电网互联。跨洲，与欧洲、非洲和大洋洲通过多回直流通道互联，实现风光水等多类资源在广域时空的互补互济。

● 配网微网建设

因地制宜地融合配电网基础设施和数字信息技术，打造高适应性、高包容性的配电网。

• 对于电网基础设施较好的中国、日本、新加坡、沙特等国家，配电网发展以高可靠性为目标，将互联网、大数据、人工智能等信息技术与原有基础设施进行深度融合。

• 对于部分电网智能化普及率较低、电力损耗较高、电力保障水平较低的国家，加强配电网基础设施改造和技术升级，实现对电网的实时监控和故障检测，提升电力可及率。

● 数字底座升级

加快智能设备和技术应用，提高全环节的感知与控制能力。夯实通信基础底座，提升系统通信能力。建设区域电力大数据平台，实现跨国电力数据共享。

● 数智赋能提效

以新能源大基地高质量发展、驾驭复杂大电网运行调控能力、配电网自愈能力和灵活性，推动能效提升和电力服务升级等为重点应用场景，促进电力系统安全经济高效运行。

• 提升功率预测精度和运维水平，打造高质量新能源大基地。

• 提高电网调度数字化智能化水平，增强复杂大电网运行调控能力。

• 扩大配电自动化有效覆盖率，提升配电网自愈能力和灵活性。

• 加快用能侧数字化转型，实现能效提升和电力服务升级。

● 调节支撑保障

深度挖掘传统电源调峰能力，积极部署新型调节资源，提升需求侧调节响应能力，大范围共享调节资源，多措并举提升系统调节能力。

● 能源生态构建

构建基于数字空间的能源数字经济的新业态、新模式以及资源转化利用新格局，共促亚洲发展和转型。以数赋"能"，带动能源电力行业新业态发展新动能，立足清洁能源资源优势构建资源转化利用新格局，推动以电为核心的多品种能源协同发展，深化电网互联互通推动区域合作。

5.2 欧洲数智化坚强电网

5.2.1 发展基础

欧洲电力消费总量以及清洁能源装机容量均处于世界领先水平。2022 年欧洲总用电量 4.5 万亿千瓦时，占全球总用电量的 17%。其中，34% 的电力消费集中在西欧区域。2022 年欧洲电力普及率为 100%。欧洲年人均用电量约 5500 千瓦时，约为世界平均水平的 1.6 倍。2022 年欧洲总装机容量约 16 亿千瓦，其中清洁能源装机容量 9.1 亿千瓦，约占总装机容量 57.1%。风电装机容量约 2.5 亿千瓦，占比 16%；太阳能装机容量约 1.7 亿千瓦，占比 11%。2022 年，欧洲清洁能源发电量约 2.8 万亿千瓦时，占总发电量的 56.5%；水、风、光发电量占总发电量的比例分别为 15.5%、11.3%、5.1%。

欧洲电网整体发展水平较高，跨国互联紧密。当前，欧洲共有 36 个国家的 40 家运营商加入了欧洲输电运营商联盟（Entso-E），形成世界最大的跨国互联电网，其中欧洲大陆、北欧、英国及爱尔兰电网主网架为 400 千伏，波罗的海国家电网主网架为 330 千伏，相互之间通过直流互联。欧洲大陆电网通过西班牙—摩洛哥的两回 400 千伏线路与北非互联；在东部与乌克兰电网互联；在东南部与西亚电网互联。

欧洲电网数智化建设起步早，促进新能源消纳与能效提升。2005 年欧盟成立"智能电网技术论坛"，2007 年欧盟发布智能电网战略研究议程，明确了发展目标，为智能电网的建设与发展指明了方向。2024 年，欧盟宣布了预算为 5840 亿欧元的发展计划，全面升级欧洲电网，以适应可再生能源的快速发展。同年 4 月，欧盟公布了 166 个跨境能源重点项目，其中 50% 涉及电力、海上风电和智能电网，这些项目预计将在 2027 年至 2030 年间投入运行。提升用户互动、提供个性化服务、跨国合作是欧洲电网数智化发展的显著特色。

专栏5.2　德国 BorWin3 海上风电柔性输电项目

项目是德国海上风电集中开发、并网送出工程统一规划建设、充分利用通道资源的重要实践，参与方 TenneT 公司在德国、荷兰的北海海域已经投运了 10 余项高压直流并网工程。该项目采用 ±320 千伏直流输电，额定容量 90 万千瓦，海上变流站平台高度 47 米，所处海域水深 40 米，为约 100 万个德国家庭提供了清洁的海上风电。

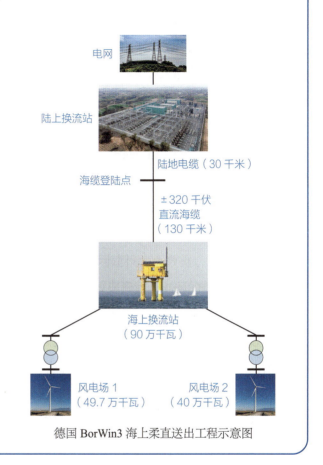

德国 BorWin3 海上柔直送出工程示意图

5.2.2　发展展望

欧洲电力基础设施建设和能源清洁化程度全球领先，但近年来能源供应的稳定性受到地缘冲突的显著影响。欧洲各国普遍加大了清洁能源开发利用规模，同时着力推进大规模输电通道和直流电网建设，旨在进一步保障能源安全。能源电力系统的加速转型使欧洲当前应对电力系统"双高"特性的挑战迫切。

欧洲数智化坚强电网的发展重点是以推动全社会绿色低碳发展为总体导向，推动清洁能源更大规模开发和灵活并网，建设更加灵活柔性的大规模互联电网，实现清洁能源大范围优化配置；提升电气化水平，形成以电为中心的能源生产消费结构，创新电碳数协同，推动技术创新和产业升级，打造欧洲及周边能源电力合作平台，促进欧洲与周边经济协同发展。

网络新形态方面，欧洲总体形成"洲内北电南送、跨洲受入亚非电力"的电力流格局，2035 年跨洲跨区电力流总规模达到 8500 万千瓦，2050 年达到 1.33 亿千瓦。基于当前欧洲跨国互联电网建设覆盖欧洲的灵活可控直流电网，向北延伸至挪威海、向东扩大至东欧；亚欧非联网规模进一步扩大，跨洲直流达到 11 回。配电网保持供电高可靠性，基于不同区域资源禀赋差异化规划，重点解决承载力薄弱问题，依托柔性配电设备、储能、能量路由器等柔性配电网技术与直流电网主动衔接，形成高可靠性的柔性电力系统。微电网作为清洁能源就地供应方式，为工业园、海岛等场景提供供电保障。依托覆盖欧洲的灵活可控直流电网，实现分层分群主配微融合的多级电力平衡调节和稳定支撑。

欧洲电网互联总体格局示意见图 5.3。

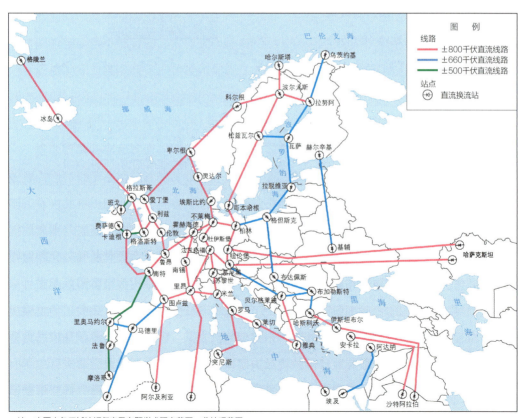

注：本图内各区域注记仅表示专题学术研究范围，非地理范围。

图 5.3　欧洲电网互联总体格局示意图

数智新动能方面，加快智能电能表部署，2035 年前达到 100% 覆盖。充分发挥直流电网柔性控制和运行灵活的优势，着力推广各类数字化、智能化技术在电网运行各环节深度融合应用，大幅提升电网消纳各类新能源能力。基于大规模数字化设备部署，形成统一的欧洲电网数据空间，逐步构建完善的电网数字孪生系统，与高比例电力电子化直流电网相协调，使全系统具备可观、可测、可联、可算、可优、可控能力。推动自主调度型虚拟电厂建设，加强源网荷储协同。

基于 IGCC 平台的不平衡轧差示意见图 5.4。

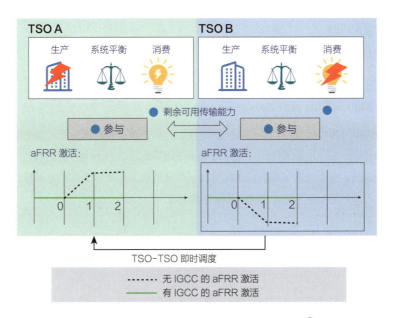

图 5.4　基于 IGCC 平台的不平衡轧差示意图 ❶

发展新枢纽方面，推动源网荷储资源跨国灵活配置，跨洲初步形成亚欧非联网格局。2035 年接入清洁能源总装机容量达到 25 亿千瓦，装机占比 89%；满足 7.8 万亿千瓦时用电量。推动能源结构多元化，形成较高能源安全保障能力。2050 年接入清洁能源总装机容量达到 41.6 亿千瓦，装机占比 98%；满足 11.4 万亿千瓦时用电量。

合作新平台方面，初步形成欧洲能源数字空间，具备电碳实时监测能力，推动跨国多品类平衡市场平台建设，电力市场、碳市场协同发展，促进跨国电碳协同交易。

以欧洲数智化坚强电网为平台，推动海量资源共享利用和跨行业平台开放融合，欧亚非共享共商共建机制运作畅通，进一步通过跨国跨洲互联电网增进区域互信，为欧亚非可持续发展提供强大合力。

欧洲数智化坚强电网发展重点

● 坚强主网建设

欧洲电网总体形成以欧洲大陆柔性直流电网为核心，跨洲连接中亚、北非、西亚的格局。洲内，连接北海、波罗的海、挪威海、巴伦支海风电基地和北欧水电基地；跨洲，连接北非、西亚、中亚清洁能源基地。

● 配网微网建设

以保障供电可靠性和充分消纳分布式新能源为目标，建设和改造并举，全面提升配电网装备水平和柔性水平；加强主配微协同，通过微电网保障海岛等地区用电。在西欧、南欧分布式光伏高比例接入区域，构建完善可靠的配电网架构，形成环式、网式等多种形态并存格局。在南欧地中海、西欧北欧北海等地区岛屿，构建离网型微电网。

● 数字底座升级

筑牢信息感知和通信基础设施基础，以数据为核心生产要素，逐步构建物理—数字系统间的动态精准映射，高效汇聚处理全环节数据，进一步形成泛欧高度共享的数据空间。

● 数智赋能提效

推动各环节数字化、智能化水平提升，以欧洲各地区清洁能源基地智能化调控、配电主动管理等为主要应用场景，实现分布式和基地化清洁能源高效接入，源网荷储灵活互动。

- 智能贯通发电各环节提升清洁能源调控和预测水平。
- 推动跨国多品类平衡市场建设促进跨国电力贸易。
- 推动自主调度型虚拟电厂建设加强源网荷储协同。
- 增强配电网主动管理水平实现对海量负荷及分布式电源有效管控。

● **调节支撑保障**

保障充裕的可控调节电源，积极推进部署新型储能，以价格信号引导促进传统和新兴负荷提供调节能力。到 2050 年实现新型储能装机规模 2.2 亿千瓦以上、氢发电装机容量 2 亿千瓦以上。以跨国跨区电网为平台，形成大范围调节资源的互补互济。欧洲、亚洲互联的互补效应可降低峰谷差 30%~40%。

● **能源生态构建**

推动欧洲及周边各国电碳数协同、多网融合和互联互通。能源电力数据与不同行业产业链、业务链数据贯通，构建单一数据市场。促进跨行业融合，推动电—碳机制联动协同。融合电力、天然气、氢能网络发展，推动多能源网络融合。通过亚欧非互联，推动跨国跨洲能源贸易和经济协作。

5.3　非洲数智化坚强电网

5.3.1　发展基础

非洲电力消费水平低，电力普及率低，电源结构以化石能源为主。2022 年，非洲总用电量约 7600 亿千瓦时，不足全球总用电量的 3%。电力消费呈现"南北两端高，中间低"的特点，80% 的用电需求集中在北部、南部区域；人均用电量约 525 千瓦时 / 年，不足世界平均水平的 1/5；整体电力普及率仅为 56%，无电人口约 6 亿，占全世界的一半以上，撒哈拉以南区域最为集中；总电源装机容量约 2.5 亿千瓦，人均装机容量不足 0.2 千瓦，清洁能源装机容量约 6500 万千瓦，约占非洲总装机容量的 25%，清洁能源资源开发程度目前不足 1%。

电网基础设施薄弱，跨国电网互联规模较小。 除北部非洲和南非等少数国家外，非洲多数国家电网最高电压等级在 330 千伏及以下，几乎都未实现全国联网，且普遍面临电网覆盖程度低、输送能力弱、设施年久失修、老化严重，电能损耗率高、供电可靠性低等问题。跨国电网，北部非洲和南部非洲互联较为紧密，其余区域互联程度较低，联系松散；跨洲已初步形成与欧亚互联，北非与欧洲、亚洲分别通过摩洛哥—西班牙 2 回 400 千伏和埃及—约旦 1 回 400 千伏交流互联。

专栏5.3 **埃塞俄比亚—肯尼亚 ±500 千伏直流联网工程**

埃塞俄比亚—肯尼亚 ±500 千伏直流联网工程是埃塞俄比亚与肯尼亚两国政府间规划的重点项目，是非洲大陆首条跨国直流输电联网工程，也是东部非洲电力互联规划主干线路，从位于埃塞俄比亚的 Wolayta/Sodo400 的交流变电站开始建设，到位于肯尼亚的苏苏瓦山交流变电站结束。线路输送能力为 200 万千瓦，总长约为 1045 千米。

该工程填补了非洲高压直流输电建设领域的空白，成为埃塞俄比亚清洁能源输出的重要通道，带动埃塞俄比亚富余电能出口创汇，为肯尼亚提供稳定和充足的电力，为当地约 2700 人提供了就业机会，促进埃肯两国经济社会发展及民生改善。

埃塞俄比亚—肯尼亚 ±500 千伏直流联网工程

电网数智化处于起步阶段。目前非洲电网整体正处于基础信息化阶段，多数国家数字化、智能化水平较低。尽管面临基础设施落后、资金不足、技术人才短缺等多重挑战，非洲各国正积极探索并采纳新兴数智化技术，推动能源电力行业转型升级，力求实现可持续发展目标并促进经济包容性增长。近年来，多个非洲国家政府已将电力基础设施数字化、智能化纳入国家战略规划，推出了一系列政策措施，例如南非的《综合资源计划》、肯尼亚《愿景2030》中的智能电能表计划等。世界银行、非洲开发银行等国际组织和其他国家也正积极通过资金支持、技术转移和能力建设项目，助力非洲建设数智化现代电力系统，例如世界银行"点亮非洲"项目中的智能微电网计划等。

5.3.2　发展展望

非洲电力设施建设相对滞后、电网数智化发展基础薄弱，非洲正在以工业化、城镇化和区域一体化为主要发展方向奋力追赶，未来将是全球最具发展潜力的区域，成为世界经济的重要增长极之一。

非洲数智化坚强电网建设的发展重点是以全面消除无电人口、解决能源贫困为前提，将能源电力普及与经济绿色可持续发展目标深度融合，加强各国电网基础设施建设，扩大骨干网架、配电网和自治微电网覆盖范围，推动刚果河、尼罗河、赞比西河、尼日尔河等流域水电开发，并以水电为"调节器"促进非洲东部、南部和北部地区的新能源高效利用，为经济社会发展提供必要的电力保障；推广普及以智能电能表为代表的智能量测系统，夯实数字化电网建设基础，逐步实现多层面立体化的数智赋能，有效支撑以中非和西非"电—矿—冶—工—贸"联动发展为重点的工业化，推动非洲经济社会的跨越式发展。非洲电网互联总体格局示意见图5.5。

网络新形态方面，非洲总体形成"洲内中部送电南北、洲外与欧亚互济"的电力流格局，2035年跨洲跨区电力流规模6700万千瓦，其中跨洲电力流3000万千瓦，跨区电力流3700万千瓦；2050年提升至1.41亿千瓦，其中跨洲电力流5400万千瓦，跨区电力流8700万千瓦。非洲形成北部非洲、中西部非洲、东南部非洲3个同步电网互联格局，形成覆盖清洁能源基地和负荷中心的"两横两纵"骨干网架，跨洲与亚欧非实现联网，全面提升电网资源配置能力，支撑清洁能源大范围、远距离输送以及大范围消纳和互补互济。加快微电网发展，因地制宜发展区域自治、半自治微电网，探索多能融合的并网/

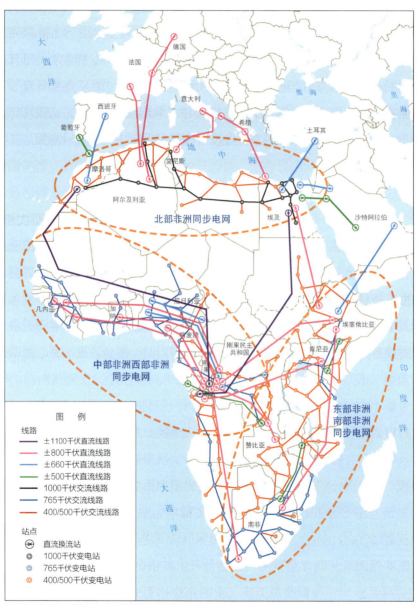

注: 本图内各区域注记仅表示专题学术研究范围, 非地理范围。

图 5.5　非洲电网互联总体格局示意图

离网供电模式。微电网成为配电网中重要管理单元，利用并网型微电网，配电网统筹"大电网"和"小电网"，提升运行管理水平，并加快向欠发达地区延伸。在电网难以覆盖的偏远地区，如沙漠、森林、岛屿及偏远工矿业园区等，发展离网型微电网，逐步解决无电问题。

数智新动能方面，夯实数字化电网建设的底层基础设施，加快部署智能电能表、传感器等数字感知设施，提升对电力生产、传输、分配和消费的全方位监控能力，2050年智能电能表覆盖率达到80%以上。通过大面积基础设施建设逐步实现电网运行自动化和数字化，优化电网运行管理，提升监控预警和智能防灾能力，重点探索利用气象监测与预测系统，提升刚果河、尼罗河、赞比西河、尼日尔河等流域水电及非洲东部、南部和北部地区新能源的能量管理水平，提升清洁能源利用水平和配置效率。在非洲南部和北部人口密集、经济较发达地区的城市区域提升电力服务水平。逐步推动电网智控系统与云计算、大数据分析、人工智能等新一代先进信息技术的融合，利用数字孪生技术实现虚拟与实体电网无缝对接。

发展新枢纽方面，积极推动刚果河、尼罗河四大流域调节性水库建设，并通过骨干网架广泛互联，充分发挥水电"调节器"作用，促进整个非洲太阳能发电、风电大规模开发利用。全面建成清洁能源大范围优化配置平台，借助连接亚欧的区位优势，成为水、风、光、地热、生物质等多种清洁能源跨国跨洲互补互济的核心枢纽。2035年接入清洁能源总装机容量达到8.5亿千瓦，装机占比75%，满足3万亿千瓦时用电量。2050年接入清洁能源总装机容量达到21.9亿千瓦，装机占比91%，满足5.6万亿千瓦时用电量。

合作新平台方面，以清洁电能为核心，以"电—矿—冶—工—贸"能源生态融合示范模式促进资源优势转化为经济优势，培育紧密协同、各有特色的经济圈，不断夯实产业基础，形成初具竞争力的原材料基地和冶金产业、加工制造业集群。推动实现非洲传统优势产业创新升级与可持续发展，通过能源与数字等新型产业的跨界融合，促进产业结构升级。围绕联合国"2030议程"和非盟"2063议程"目标，通过非洲数智化坚强电网建设实现各国清洁能源共享、电力互联互通和跨国跨洲交易，构建牢固的伙伴关系实现共商共建共享，推动非洲各国与世界其他地区的能源合作和经济一体化。

非洲近中期产业发展布局示意见图5.6。

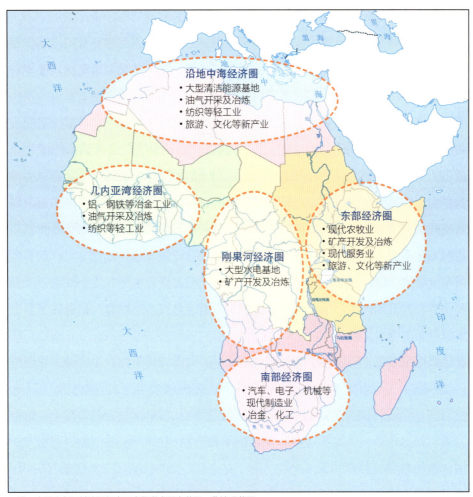

注：本图内各区域注记仅表示专题学术研究范围，非地理范围。

图 5.6　非洲近中期产业发展布局示意图

非洲数智化坚强电网发展重点

● 坚强主网建设

以推动电网基础设施跨越式发展为目标，依托特高压交直流等先进输电技术形成 3 个同步电网互联格局，实现"洲内中部送电南北、洲外与欧亚互济"。

北部同步电网，建设横贯东西 1000 千伏交流通道，形成连接亚欧非能源配置平台；中西部同步电网，建设 765/400/330 千伏交流骨干网架，支撑区内刚果河等大型基地外送；南部非洲同步电网，建设 765/500/400 千伏交流骨干网架，支撑跨区受入水电，并与北非、西亚异步互联。

配网微网建设

扩展配电网覆盖面积、推进配电网智能化升级，统筹"大电网"和"小电网"协调发展，解决非洲无电人口问题。

- 近中期加快基础设施薄弱地区配电网建设，远期加速数智应用。
- 根据各地区资源和用能需求的差异，构建多能融合微电网。

数字底座升级

借鉴发达地区经验，与改善居民日常通信体验并支持智慧生活需求相结合，高效率低成本建设现代通信系统，逐步部署数据传感网络，提升遥感、遥测、遥控全方面能力，快速摆脱数据贫瘠现状。

数智赋能提效

以提升非洲清洁能源开发消纳能力和大规模配置利用效率为目标，全面推动数智化技术在大基地、微电网、输配电网、区域电力市场等多场景广泛应用，增强系统运行韧性和抗灾能力。

- 强化发电预测和智慧输配提升清洁能源利用水平。
- 提升监控预警和智能防灾能力保障电网韧性运行。
- 因地制宜发展智慧用电提升需求侧能源服务水平。
- 数智赋能电力市场和碳市场拉动清洁能源投资。

调节支撑保障

数智化赋能助力源、网、荷、储多环节发力，夯实非洲整体调节能力。

- 推动挖掘东部非洲、西部非洲、中部非洲的错峰效益，推动跨国源荷互补互济。
- 积极推动主要流域调节性水库建设，在水能条件一般地区布局电池等新型储能。
- 积极建设各类调节资源，深挖新建制造业及工矿业园区的负荷调节潜力。

能源生态构建

通过数智化坚强电网建设，以跨行业联动发展为重点，培育紧密协同、各有特色的经济圈，推动能源、数字和新型产业高度融合，各国共建共享提升区域能源安全，共同促进经济社会快速发展。

- 建设现代化产业城市，构建地区经济圈。
- 促进非洲"电—矿—冶—工—贸"联动，加快跨产业融合发展。
- 推动能源基础设施融合，促进区域互联互通。
- 打造新型能源合作关系，促进一体化发展。

5.4　北美洲数智化坚强电网

5.4.1　发展基础

北美洲电力消费保持稳定，电力供应主要依赖化石能源发电，近年来电源结构加速转型。2022 年，北美洲总用电量为 4.7 万亿千瓦时，年人均用电量约为 9220 千瓦时，是世界平均水平的 3 倍。近五年北美洲电力消费基本维持在 4.8 万亿千瓦时水平，全洲和三国的电力消费年均增速均不足 0.5%。2022 年北美洲电源总装机容量约 14.2 亿千瓦，其中化石能源发电装机容量 8.3 亿千瓦，气电装机容量 5.7 亿千瓦，仍是第一大电源。近年来北美洲风电、光伏加速发展，电源结构清洁化转型取得一定成效。2022 年清洁能源装机容量约 5.9 亿千瓦，占比约 41.7%。其中，水电装机容量约 2 亿千瓦，占比 13.9%；核电装机容量 1.1 亿千瓦，占比 7.8%；太阳能发电装机容量 1 亿千瓦，占比 7.3%；风电装机容量 1.5 亿千瓦，占比 10.8%。2022 年，北美洲总发电量约 5 万亿千瓦时，其中清洁能源发电量 2.3 万亿千瓦时，占比已提升至 46%。

电网发展水平较高，跨国互联基础较好。目前，北美洲已形成比较坚强的 500 千伏（墨西哥为 400 千伏）交流电网主网架，以 5 个交流电网同步运行，包括北美东部电网、北美西部电网、美国得州电网、加拿大魁北克电网和墨西哥电网。北美三国间的跨国联网较为成熟，年跨国交换电量超过 600 亿千瓦时，主要集中在美国和加拿大之间。美国与加拿大间已建成 230 千伏及以上联网线路 25 回，包括了世界首条 ±450 千伏多端直流线路（加拿大魁北克省—美国马萨诸塞州），输送魁北克省北部水电至美国东北部各州消纳。美国与墨西哥北部建成 230 千伏及以上互联线路 11 回。

北美洲是全球人工智能技术的研究高地，致力于推动电网智能化升级。美国是全球最早提出"智能电网"概念的国家之一，近年来持续推动电网人工智能应用。2023 年北美洲推动电网人工智能应用项目在全球比例达到 37%，为全球最高。得益于政策支持，北美洲 90% 的电网人工智能项目都来源于美国。加强电网弹性和稳定性、防止灾难性天气事件造成重大停电事故，是目前美国电网建设和各类电网数字化人工智能技术的应用重点。2023 年 10 月，美国政府在《关于安全、可靠和值得信赖的人工智能开发和使用的行政命令》中明确提出了在电网规划、电网工程许可和选址、电网运行和可靠性、电网韧性四个方面应用人工智能技术，推动电网升级、促进减排目标实现以及向国民提供可负担的可靠电力。

美国 One Energy 全数字化变电站

　　美国 One Energy 在俄亥俄州芬德利建成美国首个全数字即插即用输电变电站。该项目变电站变压器容量为 30 兆伏安，采用的 Coresense M10 系统可实时监测分析变压器内部气体、运行状态等各类型信息的全面采集监测。如检测到变压器异常状态，该系统可自动生成文本快速地向系统操作员发送警报。系统间的通信传输完全采用光纤，显著提升信息交互的实时性和安全性。

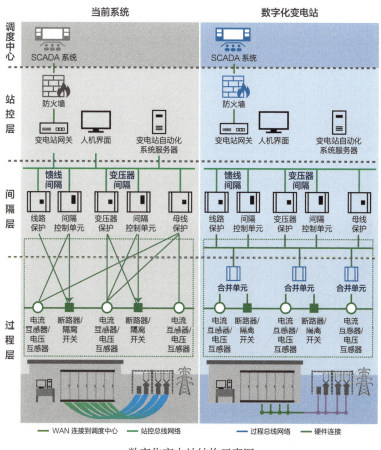

数字化变电站结构示意图

5.4.2　发展展望

当前，北美洲面临老旧电力基础设施与先进人工智能技术之间的不匹配，电网设备技术陈旧、接入困难已成为部分地区影响各类数智化技术应用和制约新能源发展的瓶颈问题，电力供应紧张、可靠性不足也反过来对人工智能尤其是智能算力的发展起到限制作用。

北美洲数智化坚强电网的发展重点是以推进北美洲能源清洁绿色转型为导向，发挥北美洲人工智能技术、科技金融和人才教育的优势，推动老旧电网大范围更新和数字化智能化升级，全面提升各级电网韧性和运行可靠性，促进美国中西部风电和太阳能、加拿大水电和风电、墨西哥太阳能大规模开发利用，支撑电动汽车的广泛应用，提升全社会电气化水平，打造北美洲跨国能源电力合作平台，促进美—加—墨经济一体化协同发展。北美洲电网互联总体格局示意见图5.7。

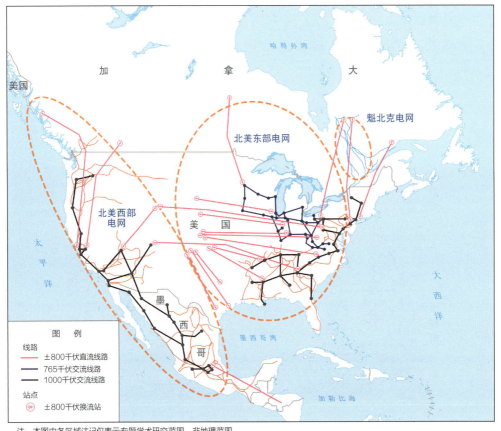

注：本图内各区域注记仅表示专题学术研究范围，非地理范围。

图 5.7　北美洲电网互联总体格局示意图

网络新形态方面，北美洲形成"洲内北电南送、中部送电东西、跨洲与中南美洲互济"的电力流格局，2035年跨洲跨国跨区电力流规模约1亿千瓦，2050年达到2亿千瓦。未来北美洲总体形成由北美东部电网、北美西部电网和魁北克电网3个同步电网互联的坚强主网格局，提升区域电网最高电压等级，各级电网资源配置能力大幅提升。建设中部、北部清洁能源外送特高压输电通道，形成覆盖大型清洁能源基地和负荷中心的互联互通网络平台，实现北美东、西部电网互供互援、北美与中南美丰枯互济。配电网全面改造升级，通过更新换代老旧设备推动数字化配电装置、柔性配电技术、智能调控技术等先进配电技术应用，重点提升配电网供电可靠性。进一步通过配电网柔性化智能化升级大幅提高气候韧性和对分布式电源及新型负荷的承载力。发挥市场机制特点推动各类微电网蓬勃发展，形成促进工业、建筑、交通电气化发展的重要单元。因地制宜在美国中部、墨西哥北部等地区建设微电网，成为加强偏远地区基础设施和清洁能源供应的有效方式。

数智新动能方面，近期重点解决北美老旧电力设备和发达数字智能技术之间的矛盾，大力推动各类数字化设备在电网各环节的更新换代，2035年智能电能表安装率达到70%，2050年实现智能电能表100%覆盖。同时发挥北美洲算力优势推动各类人工智能分析、预测与决策技术在电网规划建设、调度运行中的广泛应用，通过优化运行方式增强北美电网的运行稳定裕度和灵活性。到2050年电网基本实现全环节智能化，建设全面集成的人工智能系统，逐步扩大人工智能自主决策范围，实现电网智能运行管理以及各级电网与电源、用户和跨行业主体的智能互动。

发展新枢纽方面，依托北美洲数智化坚强电网建设，各类清洁能源实现大范围跨区跨国灵活互补互济。与中南美洲跨洲互联，逐步实现源网荷储灵活互动和各类清洁能源互济，电网清洁能源供应能力全面提升。2035年接入清洁能源总装机容量达到20.8亿千瓦，装机占比79%，满足8.4万亿千瓦时用电量。2050年接入清洁能源总装机容量达到47亿千瓦，装机占比94%，满足12.6万亿千瓦时用电量。

合作新平台方面，以电网的更新建设引领电力上下游产业链的数智化转型，发挥北美洲算力资源和科技研发优势，推动人工智能技术在电力工业的广泛应用，促进电力与天然气、氢能、汽车、航空等产业的深度融合。进一步以数智化坚强电网为基础设施全面普及智慧城市，促进北美洲全社会智能化发展。充分挖掘数智化资源实现跨行业平台开放，推动电力与金融、保险等服务业的生态跨界融合，支撑跨国能源电力合作，服务北美自由贸易区（NAFTA），促进北美洲经济一体化发展。

美国电—氢—气多网融合形态见图5.8。

图 5.8　美国电—氢—气多网融合形态❶

北美洲数智化坚强电网发展重点

● 坚强主网建设

- 以推动北美洲电网现代化升级为目标，依托特高压交直流等先进输电技术，未来北美洲总体形成由北美东部电网、北美西部电网和魁北克电网 3 个同步电网互联的坚强主网格局，呈现"洲内北电南送、中部送电东西、跨洲与中南美洲互济"电力流格局，实现北美东、西部电网互供互援、北美与中南美丰枯互济。

❶ 引自：美国能源部。

● **配网微网建设**

　　通过大规模装备升级融合先进智能技术，打造坚强可靠、灵活互动的主动配电网。建设多类微电网，提升极端天气下就地保供能力、满足多元用能需求的有效补充。
- 开展配电网设备改造和智能融合升级，提升供电可靠性和灵活互动能力。
- 发挥市场与机制优势，围绕多元用能需求打造多样化微电网发展形态。

● **数字底座升级**

　　加快推动数据感知、通信和算力基础设施建设，推动电网全环节数字化改造，为各类人工智能应用打好基础。

● **数智赋能提效**

　　发挥北美洲数据和算力优势，推动先进人工智能技术在电网建设运行各环节各场景广泛应用，提升各级电网运行灵活性和气候韧性，逐步实现电网全面智能化升级。
- 推动各类智能调度技术应用实现电网全方位智能运行。
- 深化负荷智能管理促进负荷侧灵活资源高效利用。
- 推动人工智能深度融入形成电网规划建设管理新模式。
- 协同促进网络智能和安全夯实高效可靠运行基础。

● **调节支撑保障**

　　继续发挥气电、水电调节性能优势，推进各类新型储能优化布置，以大规模互联增强电网大范围互供互援能力，推动电网—气网—氢网协同发展，提升综合调节能力。发挥气电调节能力优势，积极部署新型调节资源。提升互联电网广域调节能力，获得显著联网效益。推动虚拟电厂成为重要负荷侧调节资源。多能源网络融合发展实现能源跨品种灵活调节。

● **能源生态构建**

　　基于北美洲数智化坚强电网建设加强各国在能源领域的合作，带动北美地区能源转型和经济发展，通过实现各国清洁能源共享、电力互联互通和跨国跨洲交易，构建牢固的伙伴关系，促进北美清洁能源经济发展。

5.5　中南美洲数智化坚强电网

5.5.1　发展基础

中南美洲电力消费低于世界平均水平，清洁能源装机占比高。2022 年中南美洲总用电量 1.2 万亿千瓦时，占全球 4.5%；整体电力普及率较高，达到 98%；年人均用电量约 2200 千瓦时，约为世界平均水平的 66%；总电源装机容量 4.5 亿千瓦，清洁能源装机容量约 2.9 亿千瓦，占比 64%，以水电为主。

主要国家电网发展水平较高，跨国电网互联有一定基础。目前，南美洲巴西、阿根廷、委内瑞拉、哥伦比亚、乌拉圭等主要国家均已形成比较坚强的 500 千伏（委内瑞拉为 400 千伏）交流电网主网架，其他国家以 230 千伏及以下交流主网架为主。南美东部的巴西与南美南部依托跨国水电站开发外送形成多电压等级交流或直流互联；南美西部各国通过 230 千伏、138 千伏和 115 千伏形成交流互联；中美洲形成贯穿 6 国的 230 千伏交流联网。

电网数智化发展较初步，项目集中在基础较好的国家。中南美洲电网数智化发展还相对初步，区域国家数智化发展的主要驱动因素是提高供电系统经济运行水平，减少非正常及输配网络损耗，主要举措是加快普及智能电能表。在电网和经济基础较好的乌拉圭、哥斯达黎加和巴西等国家，智能电能表部署情况较好。其中乌拉圭国家公用事业公司 UTE 已经基本实现了智能计量系统全国覆盖，并有望成为中南美洲首个全面部署智能量测系统的国家。哥斯达黎加的智能电能表覆盖率已超过 50%，其主要配电运营商 ICE 计划到 2035 年实现智能电能表的全面覆盖❶。巴西电网运营商近些年也持续加大对智能电能表的投资规模，其中 Enel 公司作为巴西最大的发电和配电服务商，提出到 2030 年实现智能电能表 100% 覆盖。

---

❶ 资料来源：https://www.smart-energy.com/industry-sectors/smart-meters/latin-america-smart-meter-penetration-to-triple-by-2028/.

专栏5.5 **巴西美丽山清洁水电远距离输送项目**

巴西幅员辽阔，能源中心和负荷中心呈逆向分布，其中，北部亚马孙河流域水能资源十分丰富，而在2000多千米以外的东南部沿海地区，却汇聚了全巴西80%的用电负荷，美丽山特高压直流二期工程正是连接其间的能源输送通道之一。该工程额定电压±800千伏，额定输送功率400万千瓦，线路全长2539千米，将北部亚马孙河流域的清洁水电输送到东南部里约负荷中心，可满足当地2200万人用电需求，是巴西规模最大的输电工程，也是世界上最长的±800千伏直流输电工程。

巴西美丽山±800千伏特高压直流输电二期工程

5.5.2 发展展望

当前，中南美洲清洁能源及电网发展建设整体处于世界前列，但数字化、智能化设备应用的脚步相对滞后，在中南美洲再工业化转型的新经济浪潮中，数智化坚强电网发展潜力较大，亟待解决电网数智化技术基础设施覆盖不足与数据需求爆发式增长的矛盾。

中南美洲数智化坚强电网的发展重点是通过构建清洁程度高、气候韧性好、智慧调控和信息交互强的数智化坚强电网，推动"北水南送、南风北送、西光东送，跨洲与北美互济"坚强主网互联，加勒比海岛及亚马孙雨林腹地等智能化配网 / 微网延伸完善，促进亚马孙和奥里诺科等流域三大水电基地群、阿根廷南部和巴西东北部等四大风电基地群、阿塔卡玛沙漠和奥里诺科平原等三大太阳能发电基地群与各区域分布式新能源并举开发，实现清洁能源的大规模开发、高效并网、广域配置以及系统运行效率与经济水平大幅提升，为矿业、冶金及石化等传统优势产业全面升级和区域再工业化进程加速提供必要的清洁能源基础。中南美洲电网互联总体格局示意见图 5.9。

网络新形态方面，中南美洲形成"北水南送、南风北送、西光东送，跨洲与北美互济"的电力流格局，2035 年跨区跨国电力流总规模超过 3600 万千瓦，2050 年超过9100 万千瓦。中南美洲总体形成由南美东部和西部、南美南部和中美洲 3 个同步电网互联的总体格局，实现洲内清洁电力大规模广域配置，跨洲与北美洲丰枯互济。配电网建设重点提升城市电网供电可靠性和承载力，加强乡村电网建设与管理。兼顾居民用电与产业发展需求，因地制宜推广微电网供电，着力解决孤网、海岛等主网未覆盖区域可靠供电和无电人口用电等问题。在海岛、矿区及雨林腹地等地区，智能化配网 / 微网进一步延伸完善，能源电力配置能力和应对极端天气的气候韧性大幅提升。

数智新动能方面，全面推广智能化设备，增强数智化电网调控能力和赋能外延范围，重点部署智能量测和传感装置等基础设施，全面普及以智能电能表为代表的高级计量系统。在南美南部和西部国家以及巴西北部地区实现与电力生产运行相关数据的全时间尺度精确采集，构建电气、气象、水文等多类数据的感知平台，着力提升水电、新能源电站的源网协同能力，减少电网调峰负担，提升清洁电力外送规模。在南美东部、南美南部等分布式新能源、电动汽车大量并网的区域大力推广配电台区柔性互联和多元调控技术，提升电网承载能力与电力安全可靠供应水平。在南美西部、中美洲智能量测系

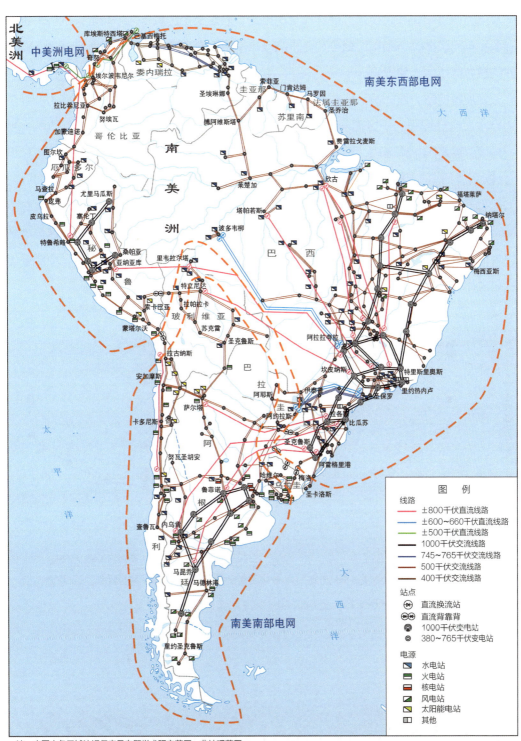

注：本图内各区域注记仅表示专题学术研究范围，非地理范围。

图5.9 中南美洲电网互联总体格局示意图

统及电力信息全量采集技术扩展延伸至配电网，同时立足区域电力市场建设优势，推动更多配电网主体参与到辅助服务和需求响应市场中，有效支撑区域国家具备高度气候韧性的智慧低碳城市建设。

发展新枢纽方面，清洁能源基地化开发逐步提速，多能互补、源网协同能力和经济运行水平明显增强。一方面通过水电跨流域互补，实现南美水电丰枯比降低50%；另一方面通过跨国电网互联，巴西水电、阿根廷风电和智利太阳能实现互补，日内电源出力波动大幅平抑。逐步建成跨洲电网互联的清洁能源广域优化配置平台，通过高智能、深优化、强可靠电网满足不同用能需求。2035年接入清洁能源总装机容量达到7.4亿千瓦，装机占比76%，满足3万亿千瓦时用电量。2050年接入清洁能源总装机容量达到13.8亿千瓦，装机占比92%，满足5.6万亿千瓦时用电量。南美洲主要河流平均流量年变化规律见图5.10。

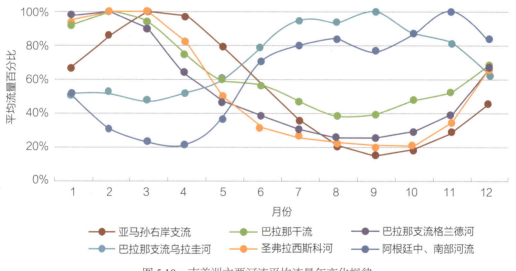

图 5.10 南美洲主要河流平均流量年变化规律

合作新平台方面，传统汽车产业、采矿业与新能源产业协同的潜能逐步释放，基于微电网的能源电力服务新模式持续涌现，服务覆盖范围大幅扩大。数智化坚强电网建设支撑能源电力多元融合、用能产业全链条升级。中南美传统优势产业与新能源发电和绿氢制备等新兴产业实现协同，以智利北部采矿业为代表，太阳能大基地开发、光伏制氢和铜、锂矿开采实现有机融合。通过区域数智化坚强电网互联互通工程建设，实现电力信息的准确采集互认，促进区域国家互信水平不断深化，有助于智利、巴西、阿根廷、秘鲁等国家发挥清洁资源优势共同打造绿氢、绿氨全链条战略产业集群，提升相关产业国际竞争力，促进区域加速再工业化进程。

中南美洲数智化坚强电网发展重点

● 坚强主网建设

依托特高压交直流等先进输电技术，打造 3 个交流同步电网互联的总体格局，整体呈现"北水南送、南风北送、西光东送，跨洲南、北美互济"。

同步电网内部，各国全部实现 500/400 千伏交流联网；同步电网间，通过多回 ±800 千伏特高压直流和 ±500 千伏及以下直流加强联网。

● 配网微网建设

以全面部署智能量测感知装置为抓手，逐步推广智能化设备，推动建设经济高效、柔性灵活、服务广泛的现代配微网络。

- 增强配电网承载和调控能力。
- 因地制宜推广微电网供电。巴西罗赖马州等孤网区域和智利北部的采矿冶金等偏远高耗能产业园区，大力推进微电网供电系统建设，解决无电人口用电和企业生产对高品质绿电的需求。

● 数字底座升级

打造洲内状态感知和通信网络设施骨干，增强数据对电力系统经济可靠生产运行的赋能水平，支撑系统经济运行和清洁化水平的有效提升。

● 数智赋能提效

重点锚定中南美洲清洁能源大规模开发外送，系统高效经济运行，需求侧智慧管理和区域电力市场健全升级等发展场景进行深度数智赋能。

- 推广应用智能发电技术，支撑绿电外送规模大幅提升。
- 全面普及数智量测系统，服务电网运行提质增效。
- 深度集成先进信息和调控技术，赋能多能源跨部门高效协同。
- 推动全量采集电气信息，助力市场健全融合。

● 调节支撑保障

夯实水电、气电等调节电源基础，推动主要流域调节性水库建设，积极部署各类新型储能，挖掘传统工业负荷调节潜能，增强电网互联程度和柔性水平，推动绿氢等新型灵活负荷的发展，促进电热冷气融合，提升系统调节能力。

● 能源生态构建

充分发挥数智化电网对传统产业升级，跨部门协同，能源网络融合和合作范式塑造等多方面的支撑赋能作用，推动区域各国加强交流合作，共建互利互信合作共赢的发展模式。

- 重点推动电动汽车产业升级，孵化新型业态。
- 传统采矿业与新能源发电、绿氢制备等新兴产业融合，促进低碳转型。
- 构建高度协同的多元化能源配置平台。
- 推动形成互利互信的合作发展新态势，加速区域再工业化进程。

5.6　大洋洲数智化坚强电网

5.6.1　发展基础

大洋洲电力消费总量较小，澳大利亚和新西兰合计占比超过 95%，清洁能源发电已逐步成为主力电源。2022 年大洋洲总用电量约 3000 亿千瓦时，约占全球总用电量的 1.1%。大洋洲电力消费主要集中在澳大利亚和新西兰，分别占大洋洲总用电量的 82% 和 14%。大洋洲整体电力普及率约 81.4%，仍有约 828 万无电人口，主要分布在巴布亚新几内亚等太平洋岛国。2022 年，大洋洲总装机容量约 1.1 亿千瓦，清洁能源装机容量约 5340 万千瓦，约占总装机容量的 48%；其中，太阳能、风电装机容量分别占清洁能源发电装机容量的 43% 和 22%。澳大利亚和新西兰装机容量最大，分别占大洋洲总装机容量的 87% 和 9%。2022 年，大洋洲清洁能源发电量约 1200 亿千瓦时，占比 40%；其中，太阳能、风能发电量分别占清洁能源发电量比重的 28% 和 25%。

专栏5.6　　**澳大利亚德纳姆氢能微电网项目**

澳大利亚 Horizon Power 公司在澳大利亚西部的德纳姆建造该国第一个使用可再生能源制氢发电的远程微电网。该项目将是澳大利亚首个利用太阳能制氢和储存的示范项目，包括一个 348 千瓦电制氢电解槽、氢压缩和存储系统以及 100 千瓦的燃料电池，配套制氢光伏装机容量 704 千瓦，发电风电装机容量 790 千瓦、光伏装机容量 640 千瓦，配套电力储能电池 1.5 兆瓦 /1.7 兆瓦时，全站由 11 千伏配电线路互联形成微电网。项目预计 2025 年建成，建成后可为 100 个家庭提供电力，Horizon Power 公司将根据微电网运行情况考虑提升制氢和光伏发电的规模，并在其他项目中推广。项目还将为昆士兰州、北领地等地区的微电网电力系统建设提供参考案例。

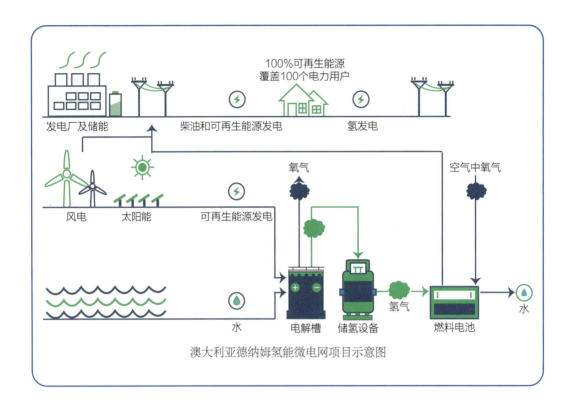

澳大利亚德纳姆氢能微电网项目示意图

各国电网发展水平差异较大，澳大利亚、新西兰电网发展水平全球领先。澳大利亚东部和西南部沿海地区分别建成了 330/275 千伏交流同步电网，主岛电网与塔斯马尼亚岛电网通过 ±400 千伏直流互联；新西兰南北岛之间已通过 ±350 千伏直流互联，北岛已建成 400 千伏交流互联电网，南岛已建成 220 千伏交流互联电网。巴布亚新几内亚等太平洋岛国，电力发展滞后，尚未建成覆盖全国的输电网络。

数智化电网建设方面，澳大利亚、新西兰在智能调控、智能量测等方面开展诸多创新工作。澳大利亚在推广和发展分布式能源资源管理系统方面处于领先地位。一些地区已经开始部署和测试虚拟电厂技术。截至 2018 年，澳大利亚、新西兰智能电能表比重分别达到 40% 和 70%。澳大利亚、新西兰正在建设智能充电基础设施，并探索如何通过这些设施进行电网管理和负荷平衡。同时，还开展了大规模电池储能系统部署，平衡负载、提高电网的稳定性。澳大利亚一些公司正在探索使用区块链技术来优化能源市场和交易，提高市场的透明度和效率。巴布亚新几内亚等太平洋岛国电力基础设施落后，尚未开展数智化电网建设，仅斐济等部分国家局部地区部署了智能电能表等数智化电力基础设施。

5.6.2 发展展望

大洋洲主要人口和经济活动位于南半球，人口稀少分散、海岛众多，各国经济社会发展和能源电力设施建设水平差异显著，偏远地区和岛屿的能源供应和电力系统建设长期存在资金和技术限制，部分地区仍存在无电人口。

大洋洲数智化坚强电网的发展重点是以数智化坚强电网建设为抓手，推动电网大范围、跨海洋互联互通，因地制宜建设海岛微电网，有效解决太平洋岛国无电人口问题，利用工矿微电网推动澳大利亚工矿业绿色转型；推动数智化技术广泛应用，适应大洋洲跨海柔性互联电网的运行特点，推动形成清洁能源多能互补、管理运行智能高效、多种微电网形态并存的大洋洲数智化坚强电网。以数智化坚强电网作为经济社会发展的新引擎，吸引绿色投资，激发新能源技术和服务业的创新活力，带动南半球区域经济社会绿色发展，为实现大洋洲经济社会绿色低碳转型与可持续发展奠定基础。大洋洲电网互联总体格局示意见图 5.11。

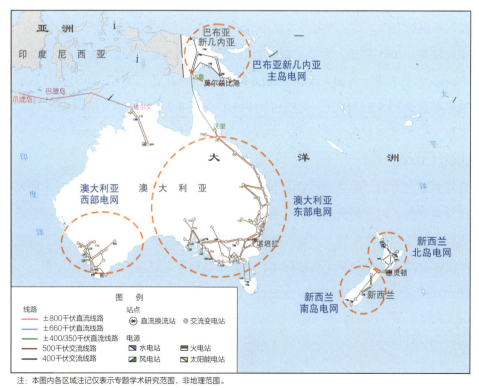

注：本图内各区域注记仅表示专题学术研究范围，非地理范围。

图 5.11　大洋洲电网互联总体格局示意图

　　网络新形态方面，大洋洲总体形成"澳大利亚与巴布亚新几内亚水光互补、跨洲与东南亚电力互济"的电力流格局，2035 年跨国跨洲电力流规模约 100 万千瓦，2050 年达到 1000 万千瓦。大洋洲总体形成澳大利亚东部和西部、新西兰北岛和南岛、巴布亚新几内亚主岛形成的 5 个交流同步电网格局，跨区跨国跨洲电力交换能力全面提升。澳大利亚、新西兰发挥技术及合作优势，对标世界一流全面加强城市配电网，大规模接入分布式新能源和电动汽车，其他国家加强配电网建设，适应高比例新能源电力系统运行需要。太平洋岛国基本实现微电网覆盖，解决无电人口问题，澳大利亚工矿园区就地建设零碳微电网。

　　数智新动能方面，全面推动电网各类智能设备普及，近期澳大利亚、新西兰智能电能表覆盖率达到 100%，远期各国智能电能表覆盖率达到 100%。各类数智化调控技术得到全面推广，融合气候监测预警系统和智能算法提升电力系统应对极端天气韧性，电力系统实现智能预测、智能调控、智能运维、系统自愈和智能管理，适应远距离跨海输电和电网穿越大面积荒漠地区的运行需要，逐步推动电网与氢能网协同互动和灵活运行。

　　发展新枢纽方面，清洁能源开发规模进一步提升，跨区域互补互济，逐步实现 100% 清洁电力供应。2035 年接入清洁能源总装机容量达到 2.5 亿千瓦，装机占比 91%，满足 6000 亿千瓦时用电量，各国实现绿电跨区交易超过 2000 亿千瓦时。2050 年接入清洁能源总装机容量达到 5.5 亿千瓦，装机占比 99%；满足 1.2 万亿千瓦时用电量。远期结合氢能发展实现多能源网络深度融合，各国绿电跨区交易及外送超过 4000 亿千瓦时，绿氢外送超过 1000 万吨。

　　合作新平台方面，建立跨国能源电力合作机制，加大数智化电网相关技术研发投入和建设资金支持，建立健全电氢贸易的市场机制。基于数智化坚强电网实现清洁能源在区域内自由流动和优化配置，市场成熟活跃、价格机制完善、交易公平透明。通过完善的合作机制保障区域能源绿色低碳转型，共同推动南半球经济社会可持续发展。

　　澳大利亚氢能跨洲外送示意见图 5.12。

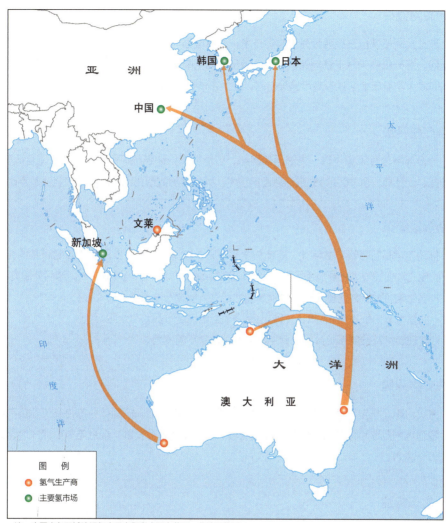

注：本图内各区域注记仅表示专题学术研究范围，非地理范围。

图 5.12　澳大利亚氢能跨洲外送示意图

大洋洲数智化坚强电网发展重点

● 坚强主网建设

　　以推动大洋洲清洁能源大规模开发利用为目标，依托柔性直流输电、特高压输电等先进输电网技术，未来大洋洲总体形成 5 个主要同步电网。

● 配网微网建设

通过大规模装备升级融合先进智能技术，打造坚强可靠、灵活互动的主动配电网。建设多类微电网，提升极端天气下就地保供能力、满足多元用能需求的有效补充。在澳大利亚、新西兰等发达国家大型城市地区建设高可靠配电网，在太平洋岛国大力建设绿色微电网。

● 数字底座升级

全面部署信息采集终端、先进通信网络、智能调度控制系统等数智化设施，融合人工智能、大数据、云计算、5G/6G 等先进信息通信技术，为大洋洲数智化电网发展打造坚强数字底座。

● 数智赋能提效

推动电网运行各环节数字化、智能化水平提升，以澳大利亚、新西兰清洁能源基地智能化调控、配电主动管理等为主要应用场景，实现分布式和基地化清洁能源高效接入，源网荷储灵活互动。

- 强化电源智能并网管控和出力预测能力促进新能源开发消纳。
- 加强数据分析决策和智能设备应用提升输配电网运行数智化水平。
- 实现负荷及储能系统数智化管控增强保障供需平衡能力。

● 调节支撑保障

夯实水电、气电等调节电源基础，大力部署各类新型储能，挖掘矿业等传统工业负荷调节能力，增强电网互联程度和柔性水平，推动绿氢等新型灵活负荷发展，促进电氢热冷气融合，提升系统调节能力。

● 能源生态构建

基于大洋洲数智化坚强电网建设，加强南太平洋各国以及泛亚太地区各国在能源电力领域深度合作，带动区域能源绿色低碳转型和经济社会可持续发展，通过实现各国清洁能源共享、电力互联互通和跨区跨国技术合作与电氢贸易，筑牢伙伴关系，构建互联互通、共建共享的能源新生态。

5.7 小　　结

　　数智化坚强电网是全球能源领域的重大创新和重要发展趋势，是加快全球能源变革转型，实现经济、社会、环境协调可持续发展的系统方案。在全球范围内，推动数智化坚强电网的建设和发展，促进清洁能源的优化配置和高质量发展，将有力保障全球各洲能源电力清洁安全、经济、高效供应，有效应对气候变化和保护生态环境，打造世界经济增长新引擎，共建数智化发展合作共荣生态圈，开启全球可持续发展新篇章。

6

技术创新与机制保障

技术创新是构建数智化坚强电网的关键。加快数智化坚强电网发展，需要在先进输电技术、智能柔性配电技术、新型高效用电技术、零碳发电与源网协同技术、储能技术、智慧融合等领域全面推动创新突破。数智化坚强电网覆盖领域广、涉及主体多、时间跨度长、组织协调要求高，需要以灵活高效的市场机制与政策体系为支撑，推动各类型资源有序高效配置。

6.1　技　术　创　新

6.1.1　先进灵活输电技术

输电技术是电力远距离输送、资源大范围配置的基础，主要包括超/特高压交直流输电、柔性交直流输电、无线输电以及海缆等技术。超高压交直流技术已经在全球范围普及。特高压输电技术已经成熟，工程主要集中在中国、巴西、印度等国家。柔性交直流输电技术是解决弱系统接入、提升电网运行灵活性可靠性的有效手段，近年来不断向大容量、远距离、高可靠性等方向发展。低频输电技术属于柔性交流输电一种，目前仍处于初步试验示范阶段，需要进一步完善工程实践经验和上下游产业链。无线输电技术当前主要应用于小容量配电级和小功率场合，已有较多实际应用，未来需要进一步提升输送容量、效率和经济性。海缆是实现跨海输电关键环节，目前已经达到超高压等级，未来需要进一步提升容量、施工能力和经济性。

未来输电技术发展主要聚焦以下目标：一是进一步提升超/特高压输电可靠性和经济性，完善各级输电网架构，提高跨区资源配置能力和电力互济能力，支撑新能源基地开发和外送；二是发展柔性输电技术，结合不同应用场景提升电网的新能源接纳能力、调节灵活性和抗风险韧性；三是发展无线输电技术，围绕电动汽车、无人机充电，偏远基站供电等新型用电技术应用场景，提高技术应用便利性；四是提升海缆输电能力，降低制造、敷设、运维等各环节成本，满足海上风电大规模开发及送出需求。

锡盟—山东 1000 千伏特高压交流输变电工程见图 6.1。

1. 特高压输电技术

（1）特高压交流输电技术。

特高压交流输电技术发展重点是节约走廊、降低损耗、提升环境友好性和增强智能化水平。紧凑型同杆并架技术、特高压可控串补、适用于极端天气的特高压变压器、GIS 和互感器等是重要攻关方向。

图 6.1　锡盟—山东 1000 千伏特高压交流输变电工程

　　预计到 2030 年，特高压交流输电技术在优化设计、可靠性增强、灵活性和经济性提升、适应全球各种极端气候条件的核心设备等方面将有所突破。

　　（2）特高压直流流输电技术。

　　特高压直流输电技术发展重点是提高输送容量、环境适应性、运行灵活性，进一步降低成本。研发适应极寒、极热和高海拔等各种极端条件下的直流输电成套设备，满足全球各种应用场景下清洁能源超远距离、超大规模输送的需求，研发特高压混合型直流、储能型直流等新型输电技术是重要攻关方向。

　　预计到 2030 年，特高压直流输电距离、容量、拓扑及关键设备将实现进一步提升和改进，实现 ±1500 千伏电压等级和 2000 万千瓦输送容量的突破。预计到 2050 年，特高压直流输电成为电网跨洲互联和清洁能源超远距离输送的成熟技术，将进一步研发和推广特高压直流组网技术，形成广泛连接负荷和清洁能源中心的直流电网。经济性方面，特高压直流输电工程的换流站投资在 2030 年基础上有望再降低约 15%。

　　2. 柔性输电技术

　　（1）柔性交流输电技术。

　　柔性交流输电技术发展重点是提升电力电子器件的电压容量及可靠性、积累低频输电工程经验。进一步突破特高压级（工频、低频）柔性交流输电关键技术和设备技术，包括 1000 千伏级特高压级串补装置、并联电抗器、潮流控制器及相关控制保护设备等是重要攻关方向。

（2）柔性直流输电技术。

柔性直流输电技术发展的重点是提升输送容量和距离、结合场景创新拓扑形式、提升多端及直流电网的运行控制水平。进一步攻克大容量柔直换流阀、直流断路器、直流变换器、潮流控制器等相关核心设备及直流电网、安全稳定控制等技术。经济性方面，随着大规模柔性直流输电工程的带动和产业发展，未来柔性直流工程造价将与常规工程具有接近同级别的水平。利用柔性直流输电技术，海上风电可采用灵活柔性组网与送出，推动"集群开发、海上组网、集中接入"，逐步形成海上直流互联电网，实现海上风电灵活组网、聚合集中接入陆上电网。

3. 无线输电技术

无线输电又称非接触型输电，属于前瞻性技术，目前仍处于小规模、小容量级别研究和应用阶段，主要应用于医疗设备、小型电子设备充电等场景。磁耦合式、电场耦合式、微波式、激光式、超声式是目前主要的五类无线输电技术。据统计，2023 年全球无线电力传输市场规模达到约 350 亿元，2030 年规模或将超过 950 亿元。其中，亚太地区占全球无线输电消费市场份额的 40% 以上，市场潜力巨大。

新型绝缘子无线传能系统原理见图 6.2。

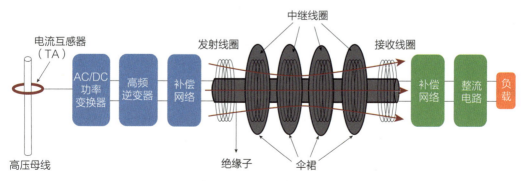

图 6.2　新型绝缘子无线传能系统原理图

无线输电技术发展重点是进一步提升输电容量和效率、降低成本。实现功率、效率、距离提升等核心技术突破、经济性提升、市场及政策机制创新是重要攻关方向。目前无线输电技术在使用便利性等方面已经体现出一定优势，但是由于技术处于起步应用阶段，相关产业链需要进一步完善。

无人机无线充电原理见图6.3。

图 6.3　无人机无线充电原理图

4. 海缆技术

海缆技术发展重点是进一步提升电压等级、输送容量、输送距离、埋设深度等。突破绝缘材料、加工工艺、附件技术、施工技术及后期运维技术等是重要攻关方向，预计未来直流海缆可达到特高压等级。

海上清洁能源输送和电网跨海互联是未来海缆的主要应用场景，预计短期内海缆技术水平可达到 ±800 千伏 /400 万千瓦水平并实现工程应用。随着绝缘材料耐热性能的进一步提高，**预计到2030年**，可达到 ±800 千伏 /800 万千瓦水平。**预计到 2050 年**，导体和绝缘材料特性取得重大突破的条件下，有望突破 ±1100 千伏电压等级技术水平。届时，±800 千伏 /400 万千瓦和 800 万千瓦直流海缆造价将达到 260 万、440 万美元 /

千米，±1100 千伏 /1200 万千瓦海缆造价有望达到 580 万美元 / 千米，具备较好的经济性和市场竞争力。

6.1.2　智能柔性配电技术

配电网覆盖城乡区域，连接千家万户，是电力供应的"最后一公里"。当前配电技术基本实现了配电网从人工操作向自动化的转变。随着分布式光伏的快速发展和电动汽车、储能等新型电气化技术的广泛应用，配电网正呈现出有源化、复杂化、多元网络融合等新形态，逐步向设备及运行控制数字化智能化发展。

在配电网系统有源化方面，随着局部高比例分布式新能源接入，主网下送潮流变轻，配电网潮流由单向转为双向、翻转往复，配电网调度控制和保护配置难度不断增大。**在配电网结构网络化方面**，为提高供电可靠性，新型配电网接线方式由传统的单辐射接线逐渐发展为单环、双环、链式、"花瓣"形等多种互联接线形式，网络互联水平不断提高。**在调度对象多元化方面**，配电网内部存在分布式电源、储能、电动汽车、电制氢等多种资源，源网荷储需统筹优化控制，部分地区可形成自平衡、自调节、自管理的微电网。**在主网配网一体化方面**，配电网对主电网的影响越来越大，分布式新能源的波动性和新型负荷的可调节性需要纳入主电网统一平衡；大量电力电子设备的接入对无功支撑和惯量的影响需与主电网统筹分析并实现柔性调控。

未来配电技术发展主要聚焦以下目标。一是实现配电设备"高可靠性、低成本化"，功能更丰富、应用更灵活，充分满足差异化、定制化需求，推动完善配电网结构，提高城乡供电保障能力和电能质量，推动城乡配电网一体化发展。二是提高配电网运行控制的智能化水平，提升配电网的承载力、运行灵活性和故障恢复能力，适应分布式新能源和新型用电负荷的快速发展。三是提高微电网自调节、自平衡、自管理水平，支撑交直流混合微电网、多能互补微能网等新形态发展，实现配网、微网多元化网络形态融合，提升资源优化配置能力和互济能力。配电网将兼容多种发电方式和能量转化新技术，推动配电系统成为电力、信息服务的综合技术平台。

1.　智能配电设备

配电设备技术发展重点是高可靠性、小型化、数字化、标准化、绿色环保、少（免）

维护。重要攻关方向为研发新一代源头仿真设计、故障主动预防、状态监测实用化技术，实现配电网运行智能化、状态直观化、管理在线化、台账准确化、运维精益化和检修敏捷化，高可靠、低成本的故障主动预防、加强源头仿真设计和状态监测实用化等。配电设备在实现了遥测、遥信、遥控、遥调等自动化以及设备状态、动作信息数字化的基础上，将向着自我感知诊断电网状态、结合大数据方式预判故障、故障恢复后接入电网自愈供电、智能带电检修减少停电维护、源网荷储各设备协调稳定、经济省电运行等智能化用电方向发展。

2. 配电网智能运行控制技术

配电运行控制技术发展重点是智能化、标准化、自愈化、经济高效以及适合分布式电源和新型用电负荷接入。重要攻关方向为配电网广域测控、分布式智能配电终端、快速仿真与辅助决策、以自愈为目标的自动化、多台区双向潮流控制保护、智能化高效能源管理和快速电能质量治理等。随着配电网运行控制实现数智化，具备精准感知、精确计算、智能决策和快速反应能力，能够满足配电网潮流双向流动，接线方式单环、双环、链式、"花瓣"形等多种互联形式运行的技术要求；实现运行控制技术标准统一化，降低接口技术复杂性，节省接口和集成成本；提前检测故障前兆，进行安全预警并提前采取预防措施，故障发生时自动进行故障定位、隔离非故障区域，故障解除时自动恢复故障区域供电，使配电网更加健壮；实现分布式新能源、储能、电动汽车、热（冷）负荷等海量资源协调运行，将配电网和主电网统一平衡，与主电网统筹分析大量电力电子设备接入对无功支撑和惯量的影响。

3. 微电网技术

微电网技术发展重点是提升微电网频率和电压支撑能力，实现源网荷储分层有序优化调度，提升主配网协调控制保护稳定性和可靠性。重要攻关方向为依托构网型控制关键技术，分布式新能源和储能呈现自主电压源外特性，实现有功、无功等运行控制目标，提升频率和电压支撑能力和暂态支撑能力；交直流混合微电网、微能网等微电网技术不断发展，采用微电网能量优化调度技术，实现电、热（冷）、氢等各类能源在源—储—荷各环节的分层有序梯级优化调度，提高能源利用效率；制定快速可靠灵活的并/离网控制策略，协调控制保护，提高离网后的稳定性和供电可靠性；创新微电网商业化建设和运营模式，激发多能微电网用户参与电力系统辅助服务市场的积极性，建立更加完善的配套市场机制。

6.1.3　新型高效用电技术

终端用能电气化水平提升是促进能源系统绿色转型的关键，实现各类用电技术更加高效、节能、智能、可控是重中之重。用电技术进步将有力促进实现能源消费侧电能替代。持续创造新的电力需求增长点，电的应用将突破传统用电领域限制，逐渐实现直接电能替代、间接电能替代（即电制燃料）和电的"非能"利用（即电制原材料），加速形成以电为中心，清洁、高效的能源服务体系。用电技术进步将有力促进实现能源生产侧清洁替代。随着技术的不断进步，用电负荷将更加智能、灵活、可控，成为电力系统中重要的灵活性来源，提供从秒级到月级等不同时间尺度的调节能力，实现传统"源随荷动"模式向新型"源荷互动"模式的转变，促进更高比例、更大范围的可再生能源高效利用和消纳。

未来用电技术发展主要聚焦以下目标：一是提高电能替代水平和需求响应能力，推动工业、交通、建筑等领域电气化水平提升，大幅提高能效，增强用电负荷的可中断、可调节能力，提升新能源汽车智能化水平和车网互动水平，提升水运和航空动力电气化规模，推动需求侧响应成为系统调节能力的重要来源，实现源网荷储互动；二是依托电制燃料和原材料技术，实现终端非电用能领域的间接电能替代，构建电为中心、电—氢—碳协同的零碳排放能源系统，推动电、气、热（冷）、氢等各类能源的互通互济和综合利用。

1. 电制热（冷）技术

电热泵本质上是一种基于压缩机技术的热力循环系统，通过电能做功将低温热源（空气、水、土壤等）中的热量转移到高温环境的设备，工作原理与空调相同。热泵一般包括蒸发器、冷凝器、压缩机、膨胀阀和循环系统等主要部件，工质（制冷剂）在系统中进行热力学逆循环，实现热量在不同空间的转移。如果传递过程按相反的热量运行，热泵也可实现制冷。

热泵技术发展重点是提升多级压缩机热泵系统的能效水平，提高空气源热泵在低温环境的适应性。在热源与供热端温差不大的情况下,能效比通常可达到200%以上。适用于满足新增供热需求和替代分散式供热,可有效提高建筑用能领域的能效和电气化水平。热泵工作原理示意见图6.4。

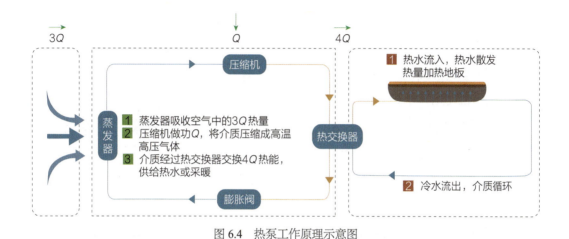

图 6.4　热泵工作原理示意图

预计到2030年,热泵普及率超过10%,每百户空调拥有量超过150台;预计到2050年,热泵普及率超过40%,每百户空调拥有量接近180台。热泵普及率与空调每百户保有量预测见图6.5。

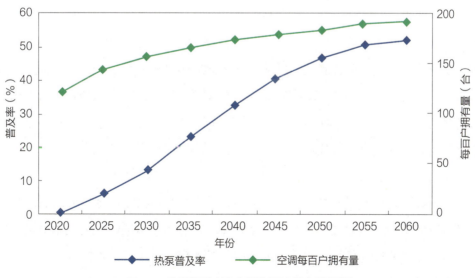

图 6.5　热泵普及率与空调每百户保有量预测

建筑领域其他电制热技术发展的重点是研发低能耗、智能化、高效率、便捷化的电暖气产品，研发全电磁厨房和多功能电炊具，研发高转换率、智能调节、稳定快速的电热水器，研发更高冰蓄冷能效和更大适用范围的电蓄冷空调等。

电窑炉利用电流使电热元件或者加热介质升温，从而对物料加热。按照加热形式的不同，分为间接加热和直接加热两种方式。间接电阻炉炉温和炉内加热过程可精确控制，炉内气体成分可根据加热要求选择和控制，对被加热工件材质、形状、尺寸等方面限制小，容易实现机械化、自动化，电效率高（接近100%）；直接加热电阻炉加热速度快，但温度精确控制较困难。

电窑炉技术发展的重点是解决温度控制系统非线性、时变性等问题，提高温控的精确性。电窑炉可广泛应用于工业生产领域，在机械加工行业可用于锻压前金属加热、金属热处理；在化工行业可用于化学物料加热；在冶金和食品加工行业可对加工对象进行热处理。未来，随着清洁电力成本快速下降，电窑炉的应用潜力巨大。

工业领域其他电制热技术发展的重点是蓄热式电锅炉的新型储热材料研发、蓄热温度上限和蓄热密度提升，玻璃电熔炉的电极材料、耐火材料和全电熔工艺优化，进一步提高制热效率和经济性。

2. 电气化交通技术

电动汽车技术发展重点是突破电池核心技术，进一步降低成本，加强安全性能，提升车网互动能力。重要攻关方向为不断提升电池核心指标，如增加能量密度、提高充放效率、降低制造成本、延长使用寿命、提高电池安全性等；加强电池基础材料的安全性能，如正负极、隔膜、电解液等，同时综合提升电池结构设计、组装工艺、电池管理、热管理、系统集成和防火防护等周边支撑技术；研发高集成和高能效驱动电机；充电模式大功率高压快充、超充，换电模式电池组模块化、标准化发展；优化微电网车网互动调度方案及需求响应策略，提升充换电设施互动水平，完善配套电价和市场机制，加强电动汽车充放电设备标准、并网标准、信息交换标准等标准体系化建设。

随着电动汽车保有量不断增长，将对用电需求及负荷特性产生较大影响，参与电网调节有巨大潜力。电动汽车负荷将快速增长，预计全球2024年电动汽车销量将达到1700万辆，较2023年1400万辆增长超20%。随着电动汽车性能不断提升，未来全球销量及保有量仍将不断提升。同时，电动汽车作为可控负荷和移动储能进行车网互动，通过智能有序充电、双向充放电为电力系统提供调节能力，促进电网供需平衡和新能源消纳，减少储能成本。

预计到 2030 年，全固态锂离子电池等新架构动力电池将逐渐成为主流，单体能量密度将提高至 500 瓦时 / 千克，成本降至 6～8 美分 / 瓦时，整车安全性大幅提升，续航里程超过 1000 千米。预计到 2050 年，钠离子电池、锂离子电池、金属空气电池等不同技术路线的动力电池可满足不同电动汽车消费者的差异化需求，自动驾驶、共享出行和车网智能互动等技术广泛应用，全球电动汽车保有量超过 15 亿辆，在乘用车中占比约 90%。

交通领域其他电气化技术发展重点是提高水运和航空使用动力电池的单位容量、安全性和经济性，面对高复杂工况和高安全需求，提升安全运行能力、使用寿命、高温低温性能、能量密度和降低单位重量。

3. 数据及通信用电技术

数据中心用电技术发展重点是预制模块化配电、锂电池替代铅酸电池、采用绿色能源供电、强化能效管理、提升用电负荷弹性。预制模块化配电可以缩短大型数据中心建设周期，降低前期高昂成本投入和可能发生的施工延期风险，增强灵活性。采用锂电池代替铅酸电池是解决占地面积大、机房承重高的有效解决方案。充分利用新能源发电、微电网、余热供能等绿色供能形式，推动建设绿色数据中心，为数据中心节能降耗带来新契机。通过改进制冷方式、优化机架设计等降低制冷系统能耗，通过使用低功耗芯片、全闪存化储存、全光纤网络、全无损以太网络等降低 IT 设备能耗。通过调节工作任务时间或空间布局提升用电负荷弹性，在部件层面设置功率上限、优化休眠或关机方式等，在业务层面优化业务流程和分布、降低部件冗余，在任务层面针对延迟容忍型任务借助断点续算、调整并行计算节点等实现算力需求平移和扩容，针对延迟敏感型任务依托高速网络实现多数据中心之间的任务优化再分配。

通信基站（如 5G 基站）用电技术发展重点是超高效能的无线传输技术、高密度无线网络技术、多层级智能基站节能技术。无线传输技术方面引入先进的多址接入技术、多天线技术、编码调制技术等，进一步提升频谱效率和能源效率。无线网络技术方面采用更灵活、更智能的网络架构和组网技术，如控制与转发分离的软件定义无线网络的架构、统一的自组织网络（SON）、异构超密集部署等，进一步提升通信业务能力。基站节能技术方面可在设备级强化半导体材料、工艺、射频系统、功放等技术创新促进硬件功耗降低，在站点级应用优化亚帧关断、通道关断、深度休眠、载波关断、共模基站协作关断、下行功率优化、设备关断等优化策略，在网络级实现多网络架构优化和协作节能，同时随着大数据和人工智能技术应用，将实现节能策略选择智能化、参数配置自动化、全网效率最优化。

4. 电制燃料与原材料技术

电解水原理示意见图 6.6，质子交换膜电解槽原理示意见图 6.7。

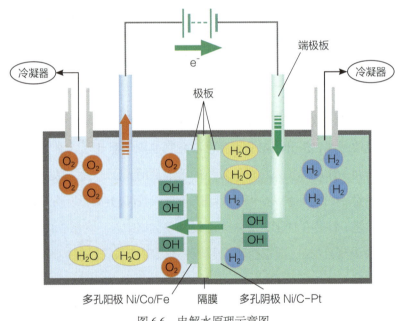

图 6.6 电解水原理示意图

（1）电制氢。

电制氢技术发展重点是提高各类电解槽的转化效率和运行灵活性，降低设备成本。预计到 2030 年，清洁能源发电成本和电解设备成本快速下降，电解水制氢将具备经济性优势，电制氢成本可达 2～2.5 美元 / 千克，逐步成为具有竞争力的制氢方式。预计到 2050 年，清洁能源发电成本进一步下降，电解水制氢成本将降至 1～1.3 美元 / 千克，成为最具竞争力和主流的制氢方式。

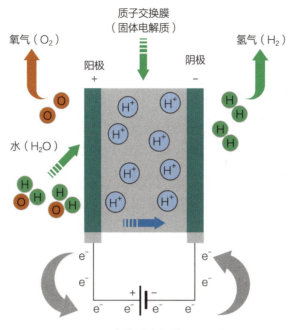

图 6.7　质子交换膜电解槽原理示意图

（2）电制甲烷。

电制甲烷技术发展重点是开发高选择性、长寿命的高效甲烷化催化剂、优化电解水和甲烷化两套系统的集成和配合、加强甲烷化工序的热量管理等。预计到 2030 年，电制甲烷综合能效可提高到 60%，成本将降至 0.75 美元 / 立方米左右，开始在部分终端用户实现示范应用。预计到 2050 年，电制甲烷综合能效提高到 70%，成本将降至 0.35 美元 / 立方米，在远离天然气产地的用能终端得到广泛应用。

（3）电制甲醇。

电制甲醇技术发展重点是提高全过程能量转化效率，实现与新能源相适应的柔性工艺，降低设备成本。研发高效反应器和催化剂、提高副产热量利用效率、研究二氧化碳直接电还原制甲醇技术是重点攻关方向。**预计到 2030 年，**开发出高效、稳定、高选择性二氧化碳甲醇化反应催化剂，通过完善甲醇化辅机设备，以多次循环利用燃料气提高反应总体转化率，同时增加反应余热回收利用，电制甲醇成本将降至约 0.55 美元 / 千克，在清洁能源富集地区逐步开展商业化实验和示范。**预计到 2050 年，**二氧化碳甲醇化反应的单程转化率、选择性有显著提升，电解槽、辅机等设备成本显著下降，同时二氧化碳直接电还原制甲醇技术取得突破，在原料需求终端得到广泛应用，预计电制甲醇成本将降至 0.25 美元 / 千克，初步构建以电制甲醇为核心的电制液体燃料和原材料产业链，以清洁能源为驱动力，以水和二氧化碳为"粮食"的电制原材料开始走进千家万户。

（4）电制氨。

电制氨技术发展重点是提高反应的选择性、能量转化效率，实现与新能源相适应的柔性工艺，降低设备成本。研发新型高效、低成本催化剂，设计适应性更高的反应器是重点攻关方向。预计到 2030 年，优化电解水和哈伯法反应器两套系统的集成和配合，电制氨综合能效可提高到 55%，成本将降至 0.45 美元 / 千克，电制氨产业实现与化肥产业的紧密结合，成为电制原料产业的代表性产品。**预计到 2050 年**，电制氨成本将进一步降至 0.25 美元 / 千克，成为最具竞争力的合成氨方式。

6.1.4　零碳发电与源网协同技术

零碳发电技术是实现能源绿色转型、促进碳达峰碳中和的关键。风电、光伏等新能源发电技术进步迅速，已成为当前电源发展的主力军，相比化石能源发电的度电成本优势愈发显著，未来将成为电力系统中的发电主体。依赖风、光等气象条件的新能源发电出力具有随机性、波动性等特点，电力电量的时空分布不均衡，通过电力电子设备并网，给电网的安全稳定运行带来新的挑战。光热发电、氢（氨）发电、地热发电等零碳排放的可控发电技术在电力系统中可以发挥与火电相同的"压舱石"作用。新能源发电的并网主动支撑技术将在提升新能源发电预测精度、加强源网荷储协同优化规划和调控、提升电源电压 / 频率支撑能力、实现多情景宽频振荡抑制、提升新能源设备涉网性能等方面发挥重要作用，成为提升数智化坚强电网安全性的关键技术。

未来零碳发电与源网协同技术发展主要聚焦以下目标：**一是**充分利用零碳可控的发电技术的优势，为电网提供频率 / 有功、电压 / 无功调节和惯量支撑，在一定程度上替代火电发挥基础保障作用；**二是**继续降低新能源发电成本，提升系统整体经济性，提升新能源气候适应能力，与其他各类电源实现协同互补，提高与网、荷、储各环节灵活互动水平；**三是**从调压调频、宽频振荡抑制、短路容量支撑、故障穿越等多方面提升新能源场站的涉网性能，建立完备的新能源主动支撑技术要求及标准，实现新能源从"无支撑、低抗扰"转向"电网友好"，再到未来能够"构建电网"，成为系统安全稳定运行的责任主体。

1. 零碳气候依赖的发电技术

（1）风力发电技术。

目前全球陆上风机的平均单机容量 4 兆瓦（中国新下线的陆上风机平均单机容量达到 8.9 兆瓦），平均风轮直径 150 米；海上风机的平均单机装机容量 9.5 兆瓦（中国新下线的海上风机平均单机容量达到 16 兆瓦），平均风轮直径220 米。发电成本迅速下降，陆上风电平均度电成本为 3.3 美分 / 千瓦时，海上风电平均度电成本为 8 美分 / 千瓦时。

风电技术发展重点是提升单机容量和效率，低风速和低温适应性，提高海上环境适应性，提升电网友好性。叶片结构设计、新型叶片材料研发、适应低风速的优化控制、耐低温润滑油和密封材料研制、叶片除冰等技术是提升单机容量、低温及低风速适应性的关键。海上风机基础结构选择和结构模态分析、载荷计算和疲劳分析等技术是提升海上适应性的关键。风资源高精度预测、风机构网型、宽频振荡分析与抑制等技术是提升并网友好性的关键。

预计到 2030 年，陆上风机平均单机容量超过 7 兆瓦，平均风轮直径达到 180 米；海上风机平均单机容量超过 15 兆瓦，平均风轮直径达到 270 米。陆上风电平均度电成本降至 2.5 美分 / 千瓦时，海上风电降至 5.7 美分 / 千瓦时。预计到 2050 年，陆上风机平均单机容量超过 15 兆瓦，平均风轮直径达到 270 米；海上风机平均单机容量超过 25 兆瓦，平均风轮直径达到 350 米。陆上风电平均度电成本降至 1.9 美分 / 千瓦时，海上风电降至 3.4 美分 / 千瓦时。陆上和海上风电度电成本预测见图 6.8。

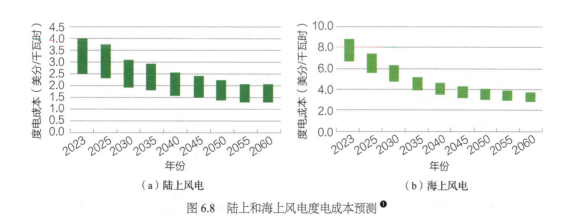

图 6.8　陆上和海上风电度电成本预测 ❶

---

❶ 资料来源：National Renewable Energy Laboratory. Annual Technology Baseline 2018[R]. Colorado: NREL, 2019.

（2）光伏发电技术。

当前，晶硅电池组件的转换效率达到 27.3%，薄膜电池组件的转换效率达到 22.1%。近十年，全球光伏发电的平均度电成本大幅下降到 5 美分 / 千瓦时。

光伏发电技术发展重点是提高电池转换效率、提升电网友好性。 降低光损失、载流子复合损失和串并联电阻损失是提高电池转换效率的关键。研究制造新型多 PN 结层叠电池，是突破单结电池效率极限的关键。分布式太阳能资源高精度预测、光伏构网型、宽频振荡分析与抑制等技术是提高并网性能的关键。

预计到 2030 年， 晶硅电池组件转换效率达到 28.5%，铜铟镓硒薄膜电池组件转换效率达到 23%，平均度电成本预计降至 2.1 美分 / 千瓦时。**预计到 2050 年，** 采用多 PN 结层叠电池的组件转换效率达到 37%。平均度电成本降至 1.1 美分 / 千瓦时。光伏发电度电成本预测见图 6.9。

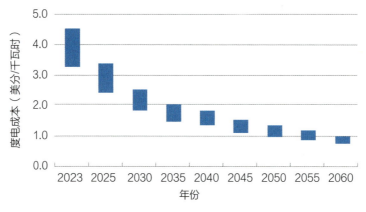

图 6.9　光伏发电度电成本预测

2. 零碳可控的发电技术

（1）光热发电技术。

槽式光热电站主要采用水或导热油为传热工质，系统运行温度在 230～430℃；塔式光热电站主要采用熔融盐传热，温度在 375～565℃。目前，全球光热平均度电成本仍较高，约为 11.8 美分 / 千瓦时。

光热发电技术发展重点是提高运行温度、发电效率和降低成本。 改进和创新集热场的反射镜排布和跟踪方式，研发新型硅油、液态金属、固体颗粒、热空气等新型传热介质，研发超临界二氧化碳布雷顿循环等新型发电技术是重要攻关方向。

预计到 2030 年，光热电站传热及发电环节工作温度超过 600℃，储热效率提高到 90% 左右，发电效率达到 50%；平均度电成本降至 9.1 美分 / 千瓦时。预计到 2050 年，光热电站传热及发电环节工作温度达到 900℃，储热效率提高到 95% 以上，发电环节采用超临界二氧化碳布雷顿循环发电技术，发电效率约为 65%；平均度电成本降至 5.6 美分 / 千瓦时。光热发电度电成本预测见图 6.10。

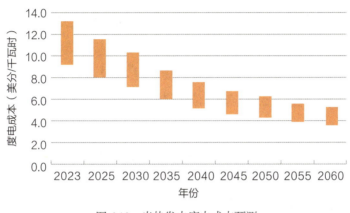

图 6.10 光热发电度电成本预测

（2）地热发电技术。

地热发电技术发展重点是地热井开发、地热流体收集、地热发电设备设计及地热田回灌等。重要攻关方向为中低温地热发电进一步降低乏汽排放温度，提高整体循环效率；干热岩地热能发电要突破资源评估与选址、高温钻探和储层改造等技术；与其他清洁能源发电技术实现多能互补联合发电，提高能源利用效率。

预计 2050 年左右，钻井完井技术突破可带来经济性提升，地热发电的度电成本有望降至 5 ~ 7 美分 / 千瓦时。

（3）**氢发电。**

氢能发电可分为燃料电池和氢燃气轮机两条技术路线，在未来以新能源为主体的电力系统中是重要的可调节电力来源。氢燃料电池容量较小、配置灵活，适用于分散式发电场景。氢燃气轮机单机容量大、转动惯量大，适合作为电网的调节和支撑电源。

燃料电池是把燃料中的化学能通过电化学反应直接转换为电能的发电装置。氢燃料电池的技术路线依据电解质的不同可分为碱性燃料电池、质子交换膜燃料电池、磷酸燃料电池、熔融碳酸盐燃料电池和固体氧化物燃料电池等五大类。单个燃料电池的电压有限，为提高燃料电池的输出电压和功率，需要根据实际工况需求将不同数量的单电池串并联并且模块化，即组成电堆。除电堆之外，燃料电池系统还包括一些必要的辅机装置，才能实现对外输出电能，包括燃料供给与循环系统、氧化剂供给系统、水管理系统、热管理系统、控制系统和安全系统等。相比火电机组化学能—热能—动能—电能的转化过程，燃料电池不受热机卡诺循环极限的限制，理论上具有更高的能量转化效率（最高可达 85%），但受制于技术水平，理论效率极限很难达到，特别是低温燃料电池的实际效率降低更为显著。当前常见的燃料电池系统实际效率通常为 40% 左右。

氢燃气轮机是利用氢气与天然气等高能气体燃烧发电的技术，但氢的物理性能、燃烧特性与天然气相差较大，氢气的火焰传播速度是天然气的 9 倍，比热容是天然气的 7 倍，空气中的扩散系数约为天然气的 3 倍，氢燃气轮机相比现有的天然气燃气轮机需要进行相应的技术改造。

氢发电技术发展重点是提高发电效率和寿命，实现氢燃机 100% 纯氢发电。 重要攻关方向为研发耐久性高的关键材料及部件，提高氢燃料电池的电堆性能和电池耐久性；优化燃料电池的催化剂及膜电极组件、改进气体扩散层；解决氢燃气轮机的回火和火焰震荡问题以增加透平的安全和可操作性；氢燃气轮机在高温高压下富氢、纯氢自动点火技术等。

预计到 2030 年，氢燃料电池发电效率提升至 50%，纯氢燃气轮机实现示范性商业应用，发电效率达到 45%。预计到 2050 年，氢燃料电池发电效率提升至 60%，纯氢燃气轮机大规模应用，联合循环发电效率接近 60%。

（4）核电。

核反应包括核裂变及核聚变两种，目前基于可控自持链式裂变的核电技术不断发展成熟，已实现大规模商业应用。国际上核电已形成"三代为主、四代为辅"的发展格局，核电平均度电成本为 4～6 美分／千瓦时。在运核电机组主要有 6 种类型，分别为压水堆、沸水堆、重水压水堆、气冷堆、轻水冷却石墨慢化堆和快堆，其中压水堆和沸水堆为最常见的核反应堆类型。

核电技术发展重点是在保障安全前提下，提高核裂变发电效率和运行灵活性，积极探索聚变技术。核裂变发电重要攻关方向为研发快堆配套的燃料循环技术，解决核燃料增殖与高水平放射性废物嬗变问题；模块化小堆方面，积极发展小型模块化压水堆、高温气冷堆、铅冷快堆等堆型。

预计到 2035 年，第三代核电技术进一步优化，核电安全性不断提升，钠冷快堆等部分第四代核电投入商业运行，多用途模块化小堆核电逐步成熟，核燃料循环技术实现应用。预计到 2050 年，实现核能高效、灵活应用，建立起较完整的核燃料循环体系。

3. 新能源主动支撑技术

随着新能源的快速发展，电力系统"双高"（高比例可再生能源、高比例电力电子设备）特征凸显，系统的物理基础、功能形态深刻变化，给电网安全稳定运行带来挑战。新能源发电具有波动性、间歇性，给电网的调峰带来挑战。新能源通过电力电子器件以电流源形式接入电网，惯量和电压支持能力不足，并引入了宽频电磁谐振，给电网安全稳定运行带来挑战。新能源场站需要具备主动支撑能力，支撑系统电压、频率等，保证电网的安全稳定运行。新能源场站对电网的主动支撑能力主要体现在功率预测（降低不确定性）、故障穿越与振荡抑制（抗扰动）、构网型并网（主动支撑）等三个方面。风电、光伏的日前功率预测准确率已经分别达到 85% 和 90% 以上，远期功率预测水平还有待提高；新能源机组的故障穿越水平显著提升，脱网事故较少；构网型技术和宽频振荡抑制技术还处于示范阶段。

新能源主动支撑技术发展有以下重点领域。一是功率预测方面提高中长时间尺度新能源发电功率预测准确率，物理建模、历史资源统计再分析、多模型预测结果的加权和误差分析等技术是关键。**二是优化调度方面研究考虑电网安全稳定运行约束的新能源优化调度**，考虑频域方法和概率方法非时序平衡、不确定性的时序平衡、非参数估计、分布鲁棒、人工智能等优化算法等技术是关键。**三是故障穿越方面研究配合多场景下电力电子器件运行控制策略的电压穿越技术、频率穿越技术**，基于模型预测控制的新型控制策略、与无功补偿或储能设备协调控制、虚拟阻抗或电流控制、快速频率支撑等技术是关键。**四是构网型技术方面开展暂态仿真建模、单机涉网特性分析、多机协同控制、硬件适应性升级**，建立适用于构网型变流器单机及多机系统的暂态特性量化分析理论和稳定边界定量刻画方法，对构网型变流器电磁暂态分析模型进行多精度仿真建模；进行构网型单机调频调压、故障支撑等涉网特性、虚拟阻抗等故障限流策略、暂态运行模式标准化等控制方式方法创新，提升故障暂态同步稳定性；对构网型不同主体应用根据场景进行优化选择，深化研究构网型多机及构网型与其他类型电源混联系统的协同控制技术，解决功率环流和交互失稳等问题；对构网型变流器开展过流能力提升、单体功率提升及其他硬件适应性升级。**五是宽频振荡抑制技术方面研究多能混合/多技术融合的复杂多变场景下的宽频振荡分析与抑制技术**。改进的宽频带阻抗测量、构网型变流器接入弱电网的宽频振荡耦合机理研究、储能和氢能等多能混合系统宽频振荡机理研究、低频/直流等多种输电技术融合系统的宽频振荡机理研究等方向是关键。

6.1.5 安全经济大容量储能技术

储能是提升系统调节能力的重要举措，是推动新能源大规模高比例发展的关键支撑，是构建新型电力系统和新型能源体系的重要环节。随着风电、光伏等波动性新能源装机占比不断提高，系统对灵活性资源的需求随之增强，常规调节能力逐步减少，需要储能作为重要调节能力来源，为数智化坚强电网提供全时间尺度的调节能力。储能技术类型众多，技术经济特性各异，可在多种应用场景下发挥重要作用。

未来储能技术发展主要聚焦以下目标：**一是**充分开发传统储能潜力，依托常规水电站增建混合式抽水蓄能，优化梯级水电流域调度，加强站址资源储备和管理，因地制宜布局抽水蓄能电站，提高机组的调节能力、可靠性和稳定性；**二是**提升新型储能的设备安全性、涉网安全性和主动支撑能力，提升瞬时响应、快速有功/无功支撑能力，保障电网的暂态稳定性；**三是**推进高效率、高能量密度、低成本、大容量储能技术创新及规模化发展，为电网提供长时间尺度的调节能力；**四是**研发新型制氢、储氢、用氢关键技术和系统级储热技术，推进大容量、长周期、低成本储能技术创新及规模化发展。

1. 传统储能

抽水蓄能技术发展重点是提高系统效率、机组性能、实现变频调速功能。研究变速恒频、蒸发冷却及智能控制等技术；研究振动、空蚀、变形、止水及磁特性，提高机组的可靠性和稳定性；研究水头变幅较大等复杂工况下机组的连续调速技术，是抽水蓄能技术的重要攻关方向。

抽水蓄能电站工作原理示意见图6.11。

预计到2030年，抽水蓄能转换效率达到80%，随着优良的站址资源逐渐开发完毕，建设成本将有一定程度的上升，达到850~920美元/千瓦。**预计到2050年**，技术水平将没有明显变化，抽水蓄能的建设成本可能会进一步小幅上升。

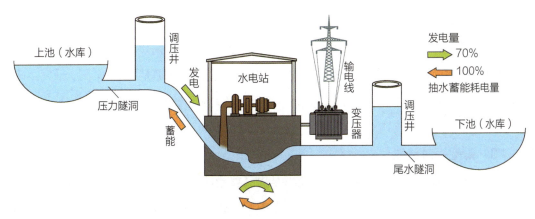

图 6.11　抽水蓄能电站工作原理示意图

2. 新型超短时储能

飞轮储能技术发展重点是提升系统功率密度，提高关键部件性能及降低成本。研发磁悬浮轴承、高强度复合材料和电力电子等关键技术，研发兆瓦级阵列式系统集成关键技术，优化系统设计等是飞轮储能技术的重要攻关方向。

飞轮储能内部结构示意见图 6.12。

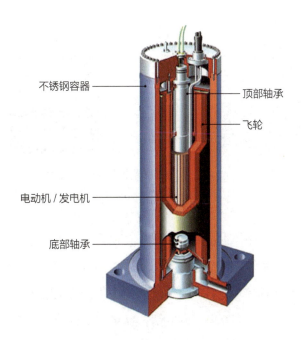

图 6.12　飞轮储能内部结构示意图

预计到 2030 年，进一步创新高性能飞轮储能关键技术，功率密度提升至 10 千瓦 / 千克，成本将降至 430 ~ 550 美元 / 千瓦，兆瓦级高性能飞轮系统达到成熟水平。预计到 2050 年，突破兆瓦级阵列式系统集成关键技术，功率密度提升至 20 千瓦 / 千克，成本降至 430 美元 / 千瓦以下，并趋于稳定，实现兆瓦级高性能飞轮系统的商业化。

3. 新型短时储能

锂（钠）离子电池储能技术发展重点是提高安全性、循环次数和降低成本。研发更高化学稳定性的正负极材料；研究基于水系电解液或全固态电解质的新型锂离子电池体系；研发成本更加低廉的非锂系电池，如水系钠离子电池等，拓宽电池材料的选择范围，是锂（钠）离子电池储能的重要攻关方向。

锂离子电池原理示意见图 6.13。

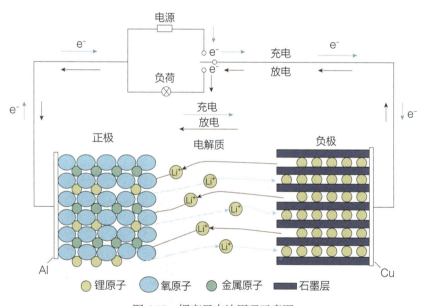

图 6.13   锂离子电池原理示意图

预计到 2030 年，电池安全性能提高，循环次数提升至 8000 ~ 10000 次，能量密度提升至 250 瓦时 / 千克，系统建设成本降至 120 ~ 170 美元千瓦时。预计到 2050 年，研发采用新型电极材料、全新体系结构的锂硫、金属空气等新型电池，电池安全问题得到有效解决，循环次数提升至 10000 ~ 14000 次，能量密度提升至 300 ~ 350 瓦时 / 千克，系统建设成本降至 50 ~ 80 美元 / 千瓦时。

4. 新型长时储能

（1）压缩空气储能。

压缩空气储能技术发展重点是提升系统效率、储气密度和降低成本。研究适用于深冷液化空气储能的宽范围、高温离心压缩机，研发高压高速级间再热式透平，纳微结构复合储热蓄冷材料，完善系统集成与试验技术及新型设备的标准化，研究等温压缩、等压压缩等新体系下的空气储能技术是压缩空气储能的重要攻关方向。

压缩空气储能原理示意见图 6.14。

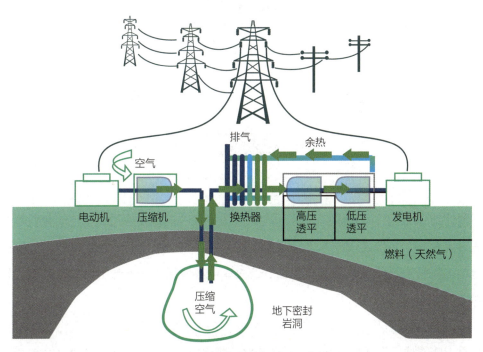

图 6.14　压缩空气储能原理示意图

预计到 2030 年，实现百兆瓦级先进压缩空气储能系统的大规模推广，系统效率提升至 65% 以上，持续放电时间超过 30 小时，成本降至 700～850 美元 / 千瓦，成为长时储能的重要技术。预计到 2050 年，实现百兆瓦级大规模压缩空气储能系统的产业化，系统效率达到 75% 并趋于稳定，持续放电时间达到 100 小时，成本降至 550～700 美元 / 千瓦。

（2）液流电池储能。

液流电池储能技术发展重点是提升转化效率和降低成本。开展离子交换膜、电极等关键材料研发和改进，开发高电导性双极板材料，研究新型非氟离子传导膜和锌基等新体系电池是液流电池储能的重要攻关方向。

液流电池原理示意见图 6.15。

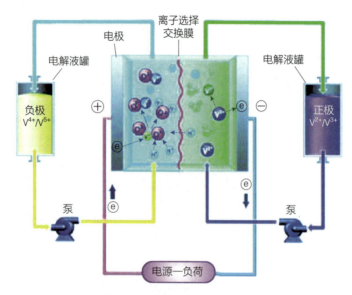

图 6.15　液流电池原理示意图

预计到 2030 年，实现现有体系下全钒液流电池的规模化应用，电池转化效率进一步提升至 80%，系统建设成本下降至 400 美元 / 千瓦时以下。**预计到 2050 年**，锌基液流电池等新型电池体系取得突破性进展，液流电池转化效率提升至 85%，系统建设成本降至 350 美元 / 千瓦时以下。

（3）重力储能。

重力储能技术发展重点是提高循环效率、降低成本、实现可变速控制。研究更高效的电机和更简化、更可靠的系统设计，研究基于智能算法的变速控制和多机协调控制，研究采用建筑废料、焚烧灰渣、矿山尾矿或退役风机叶片等作为重物模块建设材料是重力储能的重要攻关方向。

重力储能建设实景见图 6.16。

预计到 2030、2050 年，可分别将系统循环效率提高至约 80%、85%。随着技术进步及应用规模扩大，重物及建筑体成本有望大幅下降，特别是采用固体废弃物作为重物模块建设材料，降低成本的同时还能获得环保效益，系统建设成本有望分别降低至 500～550、450～500 美元 / 千瓦时。

图 6.16 重力储能建设实景

5. 新型超长时储能

（1）氢储能。

氢储能技术发展重点是提高转化效率、储氢密度并降低成本。重要攻关方向为研究长寿命、抗衰减电极材料的高温固体氧化物电堆技术，研究低温液化储氢技术，研究低熔点、高沸点和低脱氢温度的液体有机物储氢技术，研发高储氢密度、高稳定性的储氢材料，实现有机液体和金属储氢等新型储氢技术的实用化，研究纯氢或高比例氢与天然气混输管道设计、制造技术，研究新型燃料电池和纯氢燃机关键技术等。

氢储能原理示意见图 6.17。

预计到 2030 年，氢储能系统效率提高至 40%～50%，储氢密度提高至 15～20 摩尔/升，

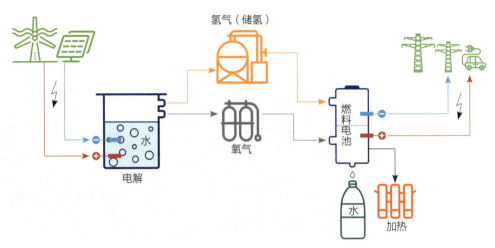

图 6.17   氢储能原理示意图

系统成本降至 1300~1500 美元 / 千瓦，逐步成为主流超长时储能技术。预计到 2050 年，氢储能系统效率提高至 60%~65%，储氢密度超过 30~35 摩尔 / 升，系统成本降至 1000~1200 美元 / 千瓦，氢储能作为成熟超长时储能技术在能源领域广泛应用。

（2）储热。

储热容量易拓展，在实现大规模存储领域具有发展潜力。按照储热原理的不同，主要分为显热储热、潜热（相变）储热和化学储热三种形式，目前，常用的显热储热材料主要包括水、导热油、熔融盐等。储热技术成本低廉，容量易扩展，可实现大规模存储，但热—电转化过程效率较低。熔盐作为储热介质，工作状态稳定，储热密度高，储热时间长，适合大规模中高温储热，单机可实现 10 万千瓦时以上的储热容量。目前，熔融盐储热已在光热发电领域得到了较好应用，储热系统成本约 30~35 美元 / 千瓦时。

太阳能电站熔融盐储热原理示意见图 6.18。

储热技术发展重点是提高电—热—电转化效率和储热密度，降低成本以及开拓新应用场景。重点攻关方向为研发 700℃ 熔融盐储热和 800℃ 固体颗粒储热技术，探索配合超临界二氧化碳发电系统和布雷顿循环发电系统的储热技术，研发面向高比例新能源电力系统的大容量系统级电—热—电的储热技术，研发大容量跨季节储热技术以及 10 万立方米级以上水体储热的成套设计、施工技术，研发新型相变储热和化学储热技术。

预计到 2030 年，储热密度提高 30%，电—热—电转化效率达到 60%，成本降至 30 美元 / 千瓦时以下，实现百兆瓦级高温热储能电站在电力系统中示范应用。相变储热技

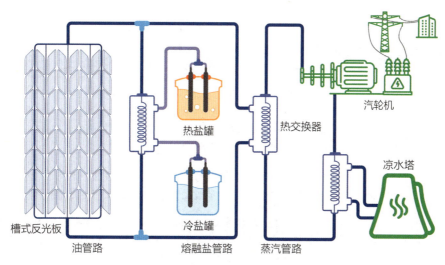

热盐罐

热交换器

汽轮机

冷盐罐

凉水塔

槽式反光板

油管路　　　　熔融盐管路　　　蒸汽管路

图 6.18　太阳能电站熔融盐储热原理示意图

术在清洁电力供热和移动储热等场景中得到广泛应用。**预计到 2050 年，储热密度提高 50%，电—热—电转化效率达到 65% 以上，储热成本将低于 25 美元 / 千瓦时。实现吉瓦级高温热储能电站在电力系统中示范应用。**化学储热在跨季节储热、移动储热等领域初步实现示范性应用。

6.1.6　智慧融合数字智能化技术

数字智能化技术有力提升电网状态感知、信息传递、数据处理、优化运行、决策支撑等核心能力，是顺应数字化智能化发展趋势、推动传统电网转型升级和高质量发展的必然要求和重要支撑。数智化技术全面赋能电网生产运行。基于"大云物移智链"等关键技术和"算力""数力""智力"基础设施，实现实体电网在数字空间的实时动态呈现、计算推演、智能决策和互动调节，全面提升电力系统可观可测、可调可控水平，为规划建设、调度运行、监测运维、预警处理、仿真分析、气象预测等各环节赋能赋效，增强系统灵活性、开放性、交互性、经济性和共享性。数智化技术全面提升企业运营质效，促进电力流、业务流、数据流、价值流等多流合一，充分发挥数据的生产要素作用，打通源网荷储各个环节，进行企业管理流程再造和组织架构优化，提升业务工作效率和统筹管控能力，增强产业链创新、协作、整合、共享能力。

数智化技术在电力系统中的应用见表 6.1。

表 6.1   数智化技术在电力系统中的应用

领域	应用环节	基础技术
发电	设备状态监测	发电机振动、温度传感，太阳能辐照、风速传感，总线通信，数据分析
	功率预测	新能源光照、风力风速传感，大数据分析，云计算，深度学习、卷积神经网络、长短期记忆网络等人工智能技术
	主动支撑技术	机电暂态仿真，电磁暂态仿真，综合自动化系统（ECS），发电机励磁控制（AVR），发电机线性最优励磁控制方式（LOEC）、构网型变流器控制
输电	智能变电站	震动、温度、局放等传感技术，载波通信，光纤通信，微波通信，数据采集与监视控制系统（SCADA），继电保护，并行计算，数据分析，图像识别、深度学习、边缘计算等人工智能技术
	智能调度	自动安全稳定控制（ASC）、自动发电控制（AGC）和自动电压控制（AVC），模糊控制、专家系统、神经网络控制、遗传算法等智能控制理论，深度学习、强化学习、对抗学习、知识图谱等人工智能技术，仿真技术
	输电线路状态监测	温度、积冰、局放等传感，力学传感，载波通信，光纤通信，图像识别、深度学习、边缘计算等人工智能技术
配电	配电网运行与管理自动化	温度、局放、图像传感，载波通信，卫星通信，数据分析，大数据分析，图像识别、深度学习、边缘计算等人工智能技术
	自愈技术	温度、局放、图像等传感技术，大数据分析，模糊控制、专家系统、神经网络控制、遗传算法等智能控制理论
	优化规划	大数据技术，自动机、卷积神经网络学习等人工智能技术，仿真技术
	虚拟电厂	新能源光照、风力风速传感，大数据分析，云计算，自动机（LA）、卷积神经网络、深度学习等人工智能技术
	分布式发电与微电网	新能源光照、风力风速传感，大数据技术，云计算
	电力市场	大数据技术，云计算，区块链技术
用电	负荷预测	能源管理系统（EMS），大数据技术，深度学习、卷积神经网络、长短期记忆网络等人工智能
	电动汽车充放电	大数据技术，光纤通信，深度置信网络、人工神经网络、长短期记忆网络等人工智能技术
	智能电能表	电流、电压感知，大数据分析，光纤通信，需求响应（DR）
	智能家居与楼宇	大数据技术，云计算，光纤通信，图像识别、语音识别、自然语言处理等人工智能技术

未来数智化技术要聚焦电力先进感知技术、先进通信、物联操作系统、人工智能应用算法、智能调控等关键领域，加快布局信息科学技术与复杂工业大系统的交叉创新，加速能源领域数字技术创新应用，加强共性技术研发，实现产学研用协同创新，打造构建电力系统数字化智能化基础技术体系。**一是**通过智能传感技术的突破创新，全面提升电力系统精准感知能力，使物理空间与数字空间在量测、计算及控制等多环节上高效融合，将为电力系统的可观可测与智能控制提供支撑。**二是**通过大容量骨干通信网、空天一体化通信网、高速物联网建设，提升全系统可靠通信能力，满足各环节测量感知和调节控制的数据传输需求；形成覆盖源网荷储各环节海量资源的系统级—场站级—设备级协同控制体系，全面提升电网新能源消纳能力和安全稳定运行水平。**三是**通过大数据与云计算技术夯实数据应用源头底座，实现各类业务数据的统一汇聚、集约贯通、应用共享；打造数据应用发展环境，通过全链路数据管控、全环节数据运营调控提升数据应用效率；构建数据资产管理体系，提升数据应用管理能力。**四是**通过区块链技术构建新型能源交易模式，优化电力调度运行，推进电力市场交易、碳市场交易等。**五是**利用数智化技术从空间尺度、时间尺度、不确定性三个维度提升仿真分析能力，实现系统仿真时空尺度全面化、模拟场景多样化、模型构建精准化、工作模式高效化。基于数字孪生技术，提升全域计算能力。**六是**打造人工智能应用体系，挖掘常态需求，梳理高频场景和模型，优化形成以电力行业大模型为核心、各类专业智能体融合的人工智能应用体系。

1. 传感测量技术

传感技术发展重点是低成本集成化、抗干扰内置化、多节点自组网、低功耗等技术。重要攻关方向为多参量融合微机电系统（micro-electro-mechanical system，MEMS）传感技术、嵌入式 MEMS 传感器、光纤电压电流测量技术、分布式光纤感知基础理论研究、电力能源装备内部光学状态检测技术、装备内部缺陷特征信息研究、传感器自取能技术等。预计到 2030 年，传感技术全面成熟，支撑电力系统发电、输电、变电、配电和用电各环节的电气量、状态量和环境量等实现广泛实时感知。传感器发展历程示意见图 6.19。

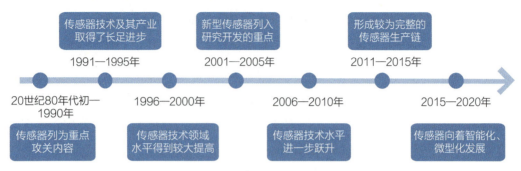

图 6.19　传感器发展历程示意图

2. 通信及控制技术

电力通信技术发展重点是更大容量、更广覆盖、更低时延、更高安全性。重要攻关方向为研究采用大容量超长距光纤通信、卫星通信、量子通信和 SDN 技术等构建天地协同骨干通信网络的技术，研制超低损耗光缆、长距离大容量光传输设备、SDN 控制器和量子保密通信装置，支撑电网和大型能源基地实时互动，实现更广范围电力的泛在接入、高效控制和安全传输；研究采用 SDx 的下一代无源光网络系统、无线专网、电力线载波（PLC）与无线融合、可见光通信等构建的多技术协同接入通信网络技术，研制下一代无源光网络系统，高速可见光通信装置和多频段电力无线专网通信装置，支撑各类电网业务的智能感知、泛在接入，各类互联终端的灵活互动、可靠通信；从构建天地协同骨干网络和多技术协同接入网络两方面构建大容量、广覆盖、低延时、高安全的未来通信网络。空天地海一体化通信网络示意见图 6.20。

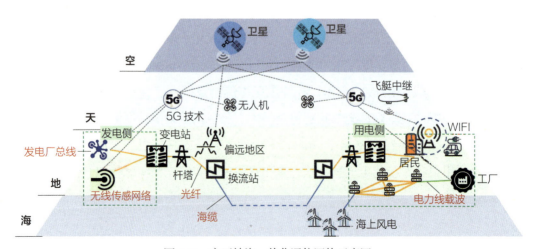

图 6.20　空天地海一体化通信网络示意图

电力控制技术发展重点是根据电力系统的"双高"特性，攻关机理数据知识融合的**智能控制理论、方法和策略**。重要攻关方向是研究基于电力电子器件的稳定控制技术，增加系统惯量、调节能力、支撑能力等稳定要素；研究系统保护技术，实现广域异型措施的协调控制；研究在线策略快速制定和可靠更新技术，实现对强不确定场景的自适应；研究构建在线电磁暂态仿真系统和基于量测的系统稳定态势评估系统，准确评估系统的动态特性；研究配电网分布式资源自适应控制、汇聚控制能力，实现海量异构对象的高效控制；研究构建运用全网控制资源、协调多种控制目标的控制体系，实现科学高效规范的运行预安排和精准协同灵活的实时控制；研究基于"统一平台、统一模型、统一数据"的未来态运行分析方法，实现多时间尺度全网一、二次能源综合平衡及优化。从拓展控制对象、丰富控制手段、统筹控制目标三方面保障电力系统电力可靠供应与安全稳定运行。

3. 大数据与云计算技术

大数据与云计算技术发展重点是多源数据整合、分析挖掘、分布式存储、并行计算、安全和隐私保护等技术。在电力算力协同的发展趋势下，重要攻关方向为数据软采与硬采方式优化、大数据存储技术可用性提升与成本降低、电网 GIS 数据分布式存储、分布式存储系统中纠错码技术、庞大结构化与半结构化数据深度分析挖掘、非结构化数据分析以及大数据安全与隐私保护、多数据库并行调度算法、电力云数据并行化处理系统设计等，以完善电力数据平台支撑企业业务协同贯通，为数字生态价值体系建设奠定基础。未来电力系统上下游终端增多、交互更加多元、信息量增长，对信息准确搜集、数据实时处理、系统快速决策的需求增多，对大数据和云计算技术的要求也逐步提高。

4. 区块链技术

区块链技术发展重点是研究共识算法、智能合约、隐私保护等技术。重要攻关方向是共识算法的去中心化、网络延迟、吞吐量扩容技术；智能合约漏洞检测与修复技术；隐私保护的去中心化身份认证、安全多方计算、差分隐私、同态加密、零知识证明、混币技术、环签名和匿名通信等技术。区块链技术作为一种去中心化的分布式账本技术，正迎来新的发展阶段，即区块链 3.0。未来区块链 3.0 有望与人工智能、大数据和边缘计算等技术相结合，创造更多新的应用场景和商业模式。随着能源绿色化发展，电力交易和碳交易发展进程加快，对数据安全、多元化存储的要求提升，区块链技术将有巨大的发展空间。

5. 系统建模与仿真技术

系统建模与仿真技术发展重点是时空尺度全面化、模型构建精准化、系统主体差异化、机理分析多样化、方式场景概率化、工作模式高效化。重点在增强电力系统中长期、机电暂态和电磁暂态尺度的电力电量平衡分析、潮流分析以及暂态稳定仿真的能力。电力电量平衡的概率化分析能够显示系统可控资源的可行范围与不可预测净负荷的概率分布之间的匹配程度；若存在不匹配，则意味着系统有可能出现弃电或电力短缺的情况。因此，概率化电力电量平衡的方法更贴近实际运行情况，能够从概率的视角分析系统电力电量平衡并优化电力供应方案。新能源和负荷的高度间歇性和波动性，导致注入功率出现不确定性，潮流的不确定性使系统出现高度随机和多样化的运行方式。传统的确定性潮流分析已难以准确评估系统所面临的静态安全风险，需要研究能够考虑系统不确定性的概率潮流分析方法，以满足高比例新能源电力系统的静态安全分析需求。同时，也需要开展系统运行不确定性的量化分析，运用统计学习和数据挖掘技术，从大量的仿真结果中识别系统的稳定性特征，并进行系统安全风险的量化分析。此外，还需构建能够满足仿真规模和模型精度要求的新能源电站和负荷聚合等效模型，并发展能够精确模拟含高比例电力电子设备的电力系统微秒级过程的高效精确仿真技术。

6. 人工智能技术

人工智能技术发展迅速，主要包括大模型、人形机器人、图像识别、机器学习等前沿技术，已经成为新质生产力的重要驱动力。其中，以 ChatGPT 为代表的通用生成式大模型技术是一种模仿人类认知方式的深度学习算法，通过人工神经网络模型等数学模型层来模拟具有一定规律性的人类认知思维，依托计算机科学快速发展以实现多模态输入与海量训练，达到高度智能化水平。人形机器人是一种旨在模仿人类外观和行为的机器人，人工智能驱动的人形机器人更加智能，已经初步实现一定的功能化、拟真化与通用性。图像识别技术是对图像进行对象识别，是计算机视觉的重要机制，更是立体视觉、运动分析、数据融合等实用技术的关键基础。

　　人工智能技术积极拓展在能源电力领域的创新应用，电力人工智能应用总体处于研究和试点阶段，需进一步优化体系设计、深化规模化应用。现有人工智能技术因对具体行业知识的融合有限，无法直接迁移应用于电力调度等行业内垂直应用领域，例如通用大模型技术需攻克电力大模型训练技术及工具链构建等难题。总体上，当前人工智能在设备缺陷识别、无人机与机器人巡检等感知领域取得了较好成效并正在开展规模化应用，在电力知识图谱、电力知识服务等认知领域攻克了部分简单任务并正在开展试点应用，在运行调控、系统规划等决策领域基于数字镜像系统进行了研究探索。

　　人工智能发展历程示意见图 6.21。

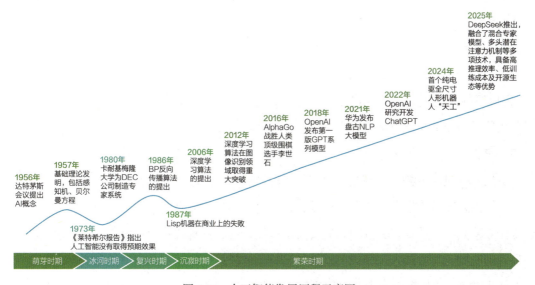

图 6.21　人工智能发展历程示意图

　　随着人工智能与电网业务加速融合，未来将赋能规划建设、调度运行、仿真分析、设备运维、客户服务、企业管理、人员培训等更多领域数智化转型。电力人工智能技术可以在大电网规划建设、源荷精准预测、负荷特性分析、智能调度决策、风险准确评估、设备运维检测、状态快速估计、电力市场辅助、用电营销策略、精准客户服务、高效企业管理、定制化人员培训等电力系统全环节中发挥重要作用。主要列举下述典型环节，详细分析适用的关键人工智能技术及重要攻关方向。

　　大电网运行稳定性分析。 目前人工智能技术在暂态稳定仿真分析方面已开展较深入研究，但所得成果在实际应用时存在稳定分析结果和策略可解释性差、数据不均衡等难题。重要攻关方向为可信智能分析决策、主动增强学习等新技术，推进知识驱动与数据驱动方法的融合，推动大模型智能构建复杂模型、智能引导仿真流程，研究大电网运行方式的可信智能计算与稳定分析策略生成技术，研究基于可解释数据驱动推理技术的电网潮流智能调整技术，实现稳定控制智能分析技术的新突破，保障电网安全稳定可靠运行。

源荷预测与优化决策。新能源高占比下的电网功率平衡及新能源消纳压力陡增，高温、寒潮等影响下的极端场景频发。目前基于历史数据相似生成的长周期平衡边界表征方法存在准确性差、覆盖性不足等问题，基于运筹学的长周期平衡分析决策方法面临收敛性差、求解速度慢的技术瓶颈。重要攻关方向为计及多时间尺度时域特征挖掘的系统负荷精准预测技术，研究考虑持续性极端天气事件影响的场景智能生成技术研究，能够精准高效开展长周期平衡推演，提升对大电网未来运行状态的预见性和预控性。

电网态势认知与预警。传统分析方法难以同时分析多时空尺度的电网潮流、气象、扰动等高维复杂特征，对于海量信息互动、复杂耦合关联下电网抵御随机波动能力及潜在运行风险认知能力不足，难以高效支撑电网运行态势感知、极端场景风险评估等工作。重要攻关方向为融合电网运行机理的人工智能数据驱动建模技术、极端场景下基于随机矩阵的电网态势认知方法、面向新能源消纳的电网运行风险预警技术等。

机器人带电作业。当前电力机器人自主行为与自主调整能力不足，带电作业时人机协作效率低下。重要攻关方向为研发人工智能代理、具身智能等前沿技术，构建面向配电网带电作业功能的人工智能代理与具身智能模块，开发基于具身反馈的机器人作业行为优化方法，支撑多模态指令驱动的高效人机协作、即时自主反应调整和高可靠自行为。

故障处理与调度决策。目前电网应对故障及潮流异常变化等场景的决策高度依赖一线人员专业经验，人工智能技术在故障处置、调度辅助决策过程中存在易突破安全约束边界，难以保证决策的安全性的问题。重要攻关方向为研发人机混合增强技术，建立面向安全韧性提升的人机协同智能决策系统，构建自主决策智能体，提升数字化电网应急处置效率与保供电能力。

设备运检优化。目前的设备运检故障处置应用存在推理性能差、分析精度低等问题。重要攻关方向为研发面向电力设备运检场景的生成式模型高效适配和知识增强技术、研究生成式模型高效训练及推理加速技术，发挥生成式模型、设备专业知识、设备运检规划、业务平台工具协同分析价值，实现设备运检流程化业务知识与复杂检修策略的智能化生成，提供专业性强、精准度高、交互式、生成式的智能运检应用服务，提升运检业务数智化水平。

营销交互分析。当前电力市场中电力消费量、用户需求、用户行为等大量信息数据不断生成和积累，存在数据量庞大和复杂性高的问题，导致营销效果难以评估和精准定位。重要攻关方向为研发深度学习、机器学习等人工智能算法进行分析和预测，提供准确的市场洞察和销售预测，帮助制定更科学的营销策略，进一步利用图像识别、语音识别、自然语言处理等技术，加强用电营销中人机交互服务、预警监测保护、应急指挥调控等实现精细化管理，提升用户服务水平与用电服务质量。

6.2 市场与政策

6.2.1 市场建设

以数智化坚强电网为物理基础的电力市场机制应满足清洁化、电气化、网络化、智能化特征，既遵循市场一般性规律，也遵循电力系统运行规律，针对不同国家、不同地区的经济条件、资源禀赋、能源电力结构等因素，制定有利于本地区发展的市场建设方案，形成高效、稳定、灵活、互动的市场机制和价格体系，不断适应新能源大规模高比例开发利用，促成各类型调节性、支撑性资源合理成本疏导，推动输配电价、上网电价、销售电价机制优化完善，建立电力市场与其他类型能源市场的机制创新协同，实现清洁资源的优化配置与全球电力贸易的繁荣发展。

市场功能定位与关键机制见图 6.22。

1. 功能定位

促进清洁能源大规模开发利用。依托大电网，构建大市场，适应新能源成为电量供应主体趋势下系统运行特性的显著变化，缓解电网运行压力，降低电力电量平衡的复杂性，充分消纳清洁能源发电量。构建适应高比例清洁能源接入的电力市场机制，统筹利用全网调节资源、深度挖掘消纳空间，促进新能源投资、生产、交易、消纳，推动资源

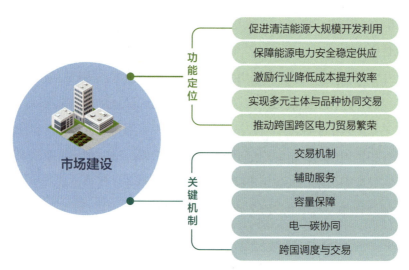

图 6.22   市场功能定位与关键机制

在更大范围内、更多层次上、更有效率地共享互济，充分发挥电力市场优化配置清洁资源的决定性作用。

保障能源电力安全稳定供应。新能源作为电网接入主体，客观要求形成合理的电源结构，通过市场机制形成引导各类电源合理投资、运行的市场价格信号，保障能源电力在生产、输送、使用环节的可靠供应，协同推进市场建设与电网运行管理，保证电源结构合理和电网强度与韧性，强化市场交易监管，防范各类型市场风险，满足电力系统电力电量平衡和安全稳定运行的需求。

激励行业降低成本提升效率。发挥市场规模效应与集聚效应，形成市场决定电力价格的机制，降低制度性成本和运行成本；引导资源合理配置，提高供需匹配度，降低生产成本；激励前沿技术的创新与研发，持续降低技术成本。以市场需求指导电力产业合理规划，引导新兴资源有效配置，激励科技创新与产业升级，提高行业生产运行效率与企业经营效率，更加高效地服务经济社会发展。

实现多元主体参与和多品种协同交易。推动传统市场参与主体转变角色定位，传统发电机组向提供调节性和保障性电源转变，电网企业提供购电代理服务，可控负荷、新型储能、分布式新能源等灵活性资源作为新型主体积极参与，推动形成多元竞争的市场主体格局。推动多能源品种同步交易，传统能源发电、新能源发电、碳排放权、绿证等各类型能源品种实现在大范围多时间尺度的协同交易，市场间机制有效衔接，价格机制更为完善，市场竞争格局更为公平完善。

推动跨国跨区电力贸易繁荣发展。以推动更远距离清洁能源开发、传输和大范围配置为目标，以远距离大容量输电、新型储能及数智化平台等先进技术为支撑，推动跨国跨区域电力贸易发展，创新交易模式，优化电能物理交易，开展电力衍生品交易，适应不同区域市场机制和监管体制特点，满足不同市场主体利益诉求，增进多国、多主体利益协调与合作共赢，促进市场繁荣。

2. 关键机制

（1）建立实现资源广域配置的多时间尺度交易机制。

上网侧，建立电力中长期交易与现货交易的有效衔接机制。电力市场应遵循中长期交易规避风险，现货市场发现价格的原则，各国统筹开展中长期交易与现货交易市场设计，随着市场化程度提高逐步推动中长期与现货市场机制衔接，形成科学合理的中长期价格与现货价格互动机制。中长期市场在满足交易按日连续运营的基础上，提供以年度、季度、月度、周和日为单位的集中竞价和滚动撮合等交易机制；建立中长期带曲线交易机制，中长期交易时间尺度与现货市场时间尺度相互匹配，将所有交易按照现货市场的时间尺度分解曲线，形成带曲线交易，实现从传统电力平衡方式向交易双方依据价格对发用电曲线进行匹配的模式过渡，以中长期交易发挥电力市场压舱石和稳定器的作用，以灵活、实时的现货市场价格信号促进能源电力资源的优化配置，有效发挥系统在整体电力平衡方面的重要作用。

输配侧，建立更好发挥电网配置能力的输配电价机制。以保障新能源高效配置利用和保障市场主体权责利公平对等为原则，建立能充分发挥电网主动配置能力的输配电价机制。推动新能源大规模开发增加了电网侧包括新能源接网配套工程、电网扩展及补强、电网智能技术研发与应用等环节的投资与运维成本，根据各电压等级用户真实需承担的电网投资、运维成本等因素，应据实核定分电压等级的输配电价，根据市场主体合理收益完善输配电价定价方式；建立输配电价与上下游各类型价格的市场化衔接，根据各国电力市场中上网电价、输配电价、线损折价、系统运行费用、销售电价等各类型价格定价方式，理顺输配环节和发用环节之间的关系，建立有利于激励市场主体主动参与交易的价格机制，并通过价格监管持续提升输配电价的科学性和透明度，更好发挥电网对实现源网荷储有序互动的中枢作用。上网侧、输配侧电力交易机制实现资源广域配置见图 6.23。

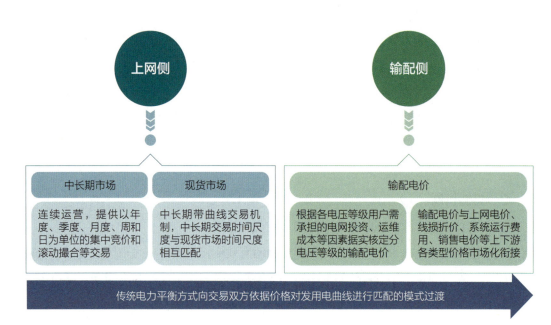

图 6.23   上网侧、输配侧电力交易机制实现资源广域配置

（2）完善维护系统安全稳定运行的辅助服务机制。

开发适应新能源高比例接入的多元化辅助服务交易品种。 新能源占比的不断提升对电网的频率稳定性、暂态过电压水平、惯性能力、稳态电压支撑能力、备用需求等方面提出新要求，通过开发多元化辅助服务品种、扩充辅助服务类型，对交易品种的不断优化细分，应对新能源高比例接入，促进传统电源功能转型，维护电网稳定运行。综合考虑不同国家资源禀赋、能源结构、市场发展进程等因素，从有功平衡、无功平衡以及事故应急恢复方面丰富服务种类，逐步建立包括系统惯性、爬坡、自动电压控制、调相、黑启动等多种市场化交易品种，并通过配套措施释放市场交易需求，提高交易规模，提升辅助服务市场在维护电力系统稳定中应发挥的内在价值。

建立促进电力系统转型发展的成本疏导机制。 各国电力市场面临传统能源由常规主力电源向系统调节性电源转型，需进行电力市场价格机制重构，发挥辅助服务市场的关键作用。随着新能源市场渗透率的提升，辅助服务单位成本随之上升，需要建立合理有效的成本疏导机制。以受益者承担服务成本为原则，建立合理的辅助服务成本分摊与传导机制，依据具体市场条件，对分摊主体、分摊比例、分摊支付限额、跨价区分摊等情况制定明确规则。在市场初期阶段，成本分摊由发电侧并网主体和市场化电力用户共同承担。随着电力市场化程度的提高，针对不同特性电源对辅助服务成本的影响开展细化分析，制定不同类型机组的分摊系数调整机制，逐步取消成本分摊支付上限，优化调整发电侧并网主体与电力用户的分担比例，利用市场价格引导分摊效益最大化，助力电力系统以低成本实现转型。

制定有助于系统灵活性提升的辅助服务交易机制。随着电力系统随机波动、不确定性强的特征凸显，各国电力市场应重点针对提升系统惯性维持调频能力、保障无功支撑能力维护系统调压、提升灵活性资源占比增强系统调节能力着手开展机制建设，确保高比例可再生能源接入条件下系统的源荷平衡。依据服务持续时间、响应时间对辅助服务品种进行分类，丰富交易种类，满足系统不同时间段的灵活性需求；挖掘多元化调节资源，引导储能、可控负荷、电动汽车等多元资源参与辅助服务交易，释放市场灵活调节潜力；完善辅助服务价格机制，通过价格信号反映电力系统对灵活性的需求，市场主体在价格信号引导下主动参与灵活调节，由电网提供采购及管理服务，发挥辅助支撑作用；建立跨国、跨价区辅助服务交易机制，实施不同市场区域间的辅助服务拍卖机制，消除跨区交易壁垒，确保不同区域内灵活性资源的高效共享。

（3）构建提升电网供电可靠性的容量充裕度机制。

因地制宜地建立发电容量充裕度保障机制。弥补新能源间歇性、波动性特点在保障系统发电充裕度上的局限性，使灵活可控资源顺利接入电网，为系统提供足够充裕的调节能力，依据电力市场实际条件建立多元化容量充裕度保障机制。各国根据其自身经济条件、资源禀赋、能源结构、市场化程度和电网结构等情况，因地制宜选择包括稀缺电价、容量市场、容量补偿机制和战略备用等容量充裕度机制。各类型机制在设计上互有优劣，在市场化程度发达地区，建立稀缺定价机制或容量市场，稀缺定价可有效发挥现货市场中参与者对价格信号的快速有效响应能力，容量市场通过实施拍卖对发电容量进行市场化定价。在电力市场化发展初期，采用容量补偿机制等方式，并分阶段推动向多元化资源竞争的容量市场模式过渡，通过价格信号引导投资，确保系统拥有长期容量充裕度维护电网稳定供电。

建立容量充裕度与电力规划和电力市场的机制协同。容量充裕度机制的设计与各电力市场中参与主体、交易模式、资源条件、市场结构等因素密切相关，既要避免容量资源投资激励不足，影响电网安全，也应避免过度投资导致资源浪费，需通过配套规划及相关机制约束协同引导资源配置。在电力规划方面，通过科学规划引导容量充裕度建设，综合参考市场区域内外可用容量及电网联络水平，评估区域内的容量充裕度，通过电力规划确定区域内资源投资的合理规模。在市场机制设计方面，各国各地区市场化程度不一致，针对现货及辅助服务等市场的发展水平，制定明确清晰的规则厘清容量电价、电量电价和其他辅助服务费用之间的关系，完善多市场间定价机制的衔接，以市场化手段真实反映容量成本。在市场信息披露方面，建立系统充裕度评估、滚动出清、报价信息公开等完备的披露机制，向市场主体提供全面、透明的市场信息，真实反映容量供需情况，通过充分竞争确保系统容量的充裕度。

（4）建立促进能源清洁绿色发展的电碳协同机制。

推动电力市场与碳市场机制协同。 电力市场与碳市场均承担降低能源领域碳排放，推动行业清洁绿色转型的任务，二者在功能目标、市场覆盖范围、参与主体、交易机制等方面高度一致，在市场规则上相互影响，推动两个市场的机制联动、市场协同发展是必然趋势。在政策顶层设计上，以电力行业为主导推动碳减排，制定减排目标及路径，以自上而下方式确定碳配额总量及行业分配方式，注重两个市场的设计兼容，在建设进度上保持一致，参与主体相互协作，交易机构逐步整合，形成良性协同发展关系。在价格机制上，建立碳市场与电力市场的价格联动，引入碳市场配额拍卖机制，通过碳价信号改变火电与清洁发电的相对成本，增加燃煤等传统化石能源发电企业的碳配额购买和发电成本，激励新能源投资，促进电源结构清洁转型。在信息交互上，利用电网数据集中优势建立电碳多市场间公共数据信息的互联互通和信息共享机制，依托智能化数据和先进技术手段增强电力市场主体的碳足迹追踪、碳配额核准等能力。

完善绿色电力交易机制与碳抵消机制的接轨衔接。 许多国家采取不止一种市场机制降低能源领域碳排放，采用绿色电力交易机制激励可再生能源发展，同时建立碳抵消机制促进碳减排。以消除市场间功能交叉，避免可再生能源发电碳减排效益的重复开发利用为目标，完善电力市场与碳市场机制设计，建立两种机制的接轨衔接。完善绿证、绿电与碳抵消机制的方法学与项目开发规范，明确自愿碳减排机制等各类型碳抵消机制的额外性标准，制定边界清晰的项目开发申请、减排量核定与签发规则，保障可再生电力环境属性的唯一性。细化电网碳排放因子计算方法，根据不同应用场景，对不同类型电力来源的上网电量确定统一国际标准与统一国际规范的排放因子计算方法。建立电网碳排放因子常态化更新机制，各电力市场建立电网碳排放因子数据库，滚动更新并定期发布国家、区域、地方各级电网排放因子数据，建立覆盖面广、适用性强、可信度高的排放因子数据体系，为精准化碳排放核算计量提供有力支撑。

　　建立激励可再生能源实时消纳的新型绿电、绿证机制。传统绿电、绿证交易机制对电力碳足迹的追溯核定能力有限，随着电网技术进步与信息化水平提升，提高能源证书的相关技术标准和调度运行模式成为必然的发展趋势，真正发挥对可再生能源消纳的激励作用。根据电网对电力信息的分布式存储、节点共识共享、数据公开透明等特点，利用大数据、区块链等先进技术建立细颗粒度能源证书认证机制，实现绿电、绿证小时级、分钟级、秒级对清洁能源更精准和更透明的追踪溯源。细颗粒度绿电、绿证机制将颠覆传统绿证"电证分离"与绿电"电证合一"并存的模式，实现绿色能源物理意义上的即发即用。制定细颗粒度下绿电、绿证认证核发、交易结算、信息追溯存储规则，利用区块链技术的分布式记账功能实现全环节数据的上链存证，利用共识机制保证数据的相互校验与真实性，利用智能合约完成交易自动执行与高效结算，利用电子签名核发绿证，实现每一笔绿色电量的精确追溯与全生命周期追踪，根据风、光发电特性和电网调峰压力实时变化，引导用电负荷与新能源发电曲线匹配，有效调动负荷侧资源实时消纳随机波动的清洁能源，形成源荷互动的清洁用能模式。

　　数智化技术推动实现绿色电力实时匹配交易见图 6.24。

图 6.24　数智化技术推动实现绿色电力实时匹配交易

（5）发展促进跨国跨区电力流通的调度与交易机制。

因势利导建立跨国跨区输电容量分配机制。推动跨国跨区域电网建设需解决好不同国家、不同电力市场之间通道容量分配、输电成本回收以及电力交易衔接等关键问题，依据资源禀赋、电力市场发展条件建立相应的跨国跨区输电容量分配机制将有力推动电力资源在国家、区域间高效流通。针对国家及区域间送电协议等以年或多年为周期的优先发电计划及专项工程，按照交易合同优先分配输电通道输电权，通过提前支付输电费用锁定收益；针对中长期及现货市场中跨国跨区域电力交易，开展基于年、季、月、日前、日内等不同时序的输电容量显式拍卖，或依据合同周期采取"先到先得"方式分配输电权，随着市场耦合程度提升逐步向显式拍卖模式过渡；在市场高度耦合、跨国输电通道潮流方向不再固的条件下，对参与跨境电力现货市场的交易采用集中优化调度的隐式拍卖方式分配输电容量，自动为跨境交易匹配相应的通道容量，并通过拍卖收入或阻塞盈余等方式进行对跨国跨区输电工程投资及运维的成本回收。

设计推动市场耦合发展的交易出清模式。电网数智化能力提升为推动市场间耦合提供了技术及硬件条件，建立跨国跨区域价格耦合机制，随时调剂各国市场供需，通过更大范围的耦合市场有效地降低各当地市场平衡调度成本，实现市场整体利益最大化。综合参考市场成员报价与物理参数、电网运行状态等因素，利用电网数据同步采集、智能高效运算、快速反应判断能力，以社会福利最大化为目标进行优化计算，统一市场出清结果，实现市场间耦合发展。市场耦合基于全网联合调度运行的基础开展，将多个国家的市场供需及跨境输电容量联合出清，形成次日及当日的各国发用电计划，若由于电网结构或技术原因导致部分国家脱离统一出清体系，则脱离区域将执行本地单独交易出清。将能量交易与输电容量交易同时优化出清，最大程度体现输电资源的有效配置，规避潮流方向相悖等问题，以统一出清价格体现输电容量和电能量的双重市场价值，为其他市场交易提供了更为准确的价格参考信号。

科学合理地制定市场实时平衡机制。保障跨国电力实时平衡，建立符合各国各区域市场发展水平的平衡管理机制，以多元化模式有效衔接开放分散的市场运营与系统化的集中调度，反映系统实时供需情况和平衡成本，不断提高系统运行的经济性。在市场化初期阶段，采用以电网调度为主的系统实时平衡模式，通过预挂牌平衡机制与偏差考核方式保持系统实时平衡。在市场化程度较高阶段，可采用物理调节电能与辅助服务市场相结合的平衡模式，辅助服务市场独立于电能市场由电网单独组织交易出清，市场成员在调节电能市场中进行上下调报价。可进一步构建有效的平衡单元协调市场主体参与调控运行，通过划分平衡责任，形成单元内部多类电源与负荷的互补互济，为电网总体调度提供可控性更好的管理对象。也可采用一体化交易与联合出清的平衡模式，市场组织与实时调度由电网负责，根据市场成员的报价和成本对比，利用先进算法对电能、调频和备用等平衡资源进行联合出清，实现系统整体运行成本更低，经济性更高。

3. 发展路径

（1）市场发展中期阶段。

发展目标。电网智能化发展为市场配套机制建立提供了坚实的物理基础。电网更加智能，实现了在部分业务中将传统主要靠人的运营模式向信息化、自动化转变，智能传感、信息通信、自动控制等较为先进的手段工具得到推广应用。网架结构更为坚强，能源结构向以风、光、水等可再生能源为主过渡，分布式能源及微电网的支撑作用显著提高，智能柔性技术逐步推广使用。市场建设水平进一步提升，机制设计更为衔接，基本适应新能源作为电量供应主体，能够保证电力安全稳定供应，价格机制更为完善，成本疏导更为科学，市场主体多元发展，跨国跨区贸易规模显著提升。

跨国互联。各国、各洲电网建设有序推进，跨国、跨洲能源互联进一步发展，通道建设进一步加强。连接亚欧、亚欧非、美洲的互联通道相继形成，亚欧互联通道联接中亚、西亚清洁能源基地和欧洲、东北亚和南亚负荷中心；亚欧非互联通联接北部非洲大型太阳能基地和欧洲负荷中心；美洲互联通道将美国中部太阳能、风电送至美国东部和西部的负荷中心，亚马孙河流域水电送至巴西东南部负荷中心，实现跨季节、跨流域多能互补互济。随着跨国电网互联工程的建设推进，驱动市场配套机制进一步完善，实现电力资源在更大范围的有效调配。

机制建设。电力市场机制建设持续推进，中长期市场连续运营，带曲线交易不断精细化，与现货市场有序衔接，价格信号有效传导，更加有利于推动新能源大范围配置与大规模接入条件下的电网平衡；辅助服务市场与容量充裕度市场品种不断丰富，交易机制更为合理、成本分摊更加科学、市场主体积极参与；传统火电通过灵活性改造成功转型，参与灵活性调节机制与转型配套政策健全；新能源激励政策多元发展，偏差考核、配套储能机制完善，环境价值有效发挥；绿证、绿电与碳市场机制衔接匹配，可再生能源配额制与碳排放配额交易并行发展，配额制与自愿减排交易互为补充，充分激发全社会绿色电力的消费潜力。

市场交易。市场主体分工明确,可再生能源发电转变为装机和电量主体,化石能源发电转变为电力支撑主体,新型储能、虚拟电厂、负荷聚合商等主体参与市场逐步成为常规业态。交易品种更加丰富,电力电量交易品种完备,绿证绿电、碳交易与电能量交易有效联动,电力金融交易逐步成熟,市场抗风险能力得到加强。交易水平精准提升,基于人工智能与云计算等先进技术在源网侧的应用,新能源发电预测与天气预测更为精准,通过参与不同时序滚动交易,发电曲线不断逼近预测曲线,天气预测时间区间跨度增大,预测偏差范围缩小,更有利于电网需求调配。

(2)市场发展远期阶段。

发展目标。电网在数智化坚强化领域的飞跃将进一步推动市场机制的创新发展。电力技术与数字技术深度融合,推动全面数智化和高度智能化,电网在全过程、全环节融合数字智能技术,实现信息流、能量流、产业流优化配置与畅通共享。数智技术赋能能源安全供应的各个环节,能源结构发生本质变化,清洁能源成为主导能源,能源系统运行的灵活性大幅提升。市场建设全面推进,机制创新发展,完全适应高比例清洁能源的大规模接入,市场价格信号精准无误,保障能源电力在生产、输送、使用环节的可靠供应与国内、跨国电力产业项目投资,进一步推进全球电力贸易繁荣。

跨国互联。跨国、跨洲互联工程扎实落地,承载电力大范围大规模流通配置,形成清洁能源全球开发、输送和使用的新格局。亚欧、亚欧非、美洲互联通道进一步完善,亚欧通道中,西亚、中亚、中国西南水电和东南亚水电进一步扩大向欧洲、南亚负荷中心送电规模;亚欧非通道实现刚果河流域水电送至南部非洲负荷中心,并向北与北部非洲太阳能互补调节后送电欧洲;美洲通道增强美国中西部清洁能源基地向东部、西部负荷中心送电能力,并实现北美洲北部水电和中部、南部太阳能和风电的互补互济。能源互联网骨干网架基本形成,助力清洁低碳能源电力广域配置,推动市场机制建设不断适应与创新完善。

机制建设。电力市场机制建设创新完善,依托电网强大的配置能力,以电力现货为基础的多层级竞争性批发市场有效建立,可再生能源发电成为市场交易的绝对主力,以可再生能源电力现货产品价格为基准的市场价格信号高效传导至用户侧,对新能源消纳的促进作用充分发挥;绿证、绿电交易与碳市场交易充分融合,电网的全面数智化推动绿电秒级实时溯源,引导清洁电能实时消纳,绿证、绿电交易向同质化发展,碳市场对电力行业的减排激励作用基本完成，功能定位向引导能源密集型工业部门的电能替代转变；辅助服务市场与现货市场高度融合，电网运行调度技术的发展推动辅助服务商业模式不断创新，容量市场与稀缺电价机制发展成熟，可再生能源与储能一体化商业模式健全完备，储能在发、输、配、用环节高效应用。

市场交易。参与主体多元化发展，市场竞争有序，竞争格局从发电侧单边竞价发展为发电侧、输配侧和用户侧多买多卖，形成源网荷储多方协同互动模式。交易品种创新发展，短期高频交易成为常态，量化交易广泛应用，市场间不同类型交易品种实现融合，电力交易自动计入清洁能源环境属性与碳减排属性，电力金融化程度加强，电力衍生品种极大丰富，推动市场繁荣。交易水平大幅提升，高度智能化、信息化的技术运用推动交易向全时间尺度与高频次交易发展，连续交易关闸时间不断接近实时，市场耦合范围不断扩大，网源协调更加充分，实现清洁能源大范围实时消纳。

6.2.2 政策体系

如图 6.25 所示，配套政策为构建数智化坚强电网提供制度保障，应加强政策引导，推动体制机制创新，强化政策措施的系统性、整体性、协同性，建立完善的政策保障体系。通过合理规划引领电网建设发展，推动有效市场和有为政府发挥功能作用；加强技术创新研发，推动先进技术广泛应用与高质量发展；有效激励产业投资，服务产业链升级与绿色转型；加大财税与金融支持力度，营造良好的经营投资环境。

图 6.25　政策体系为数智化坚强电网提供制度保障

1. 战略规划

强化网源协同规划。新能源快速发展条件下需统筹好系统调节能力、电网发展与新能源装机规模与布局，保障合理的利用水平，做好电源侧与电网侧的协同战略规划。针对电网工程点多面广、跨越行政区域大、建设周期长、与新能源建设周期存在差异等问题，各国主管部门合理制定配套电网项目建设规划，科学安排新能源开发布局、投产时序和消纳方向，做好电网、电源建设与城市总体规划发展、国土空间规划的衔接，周期性组织电力发展规划调整，统筹确定新能源和配套电网项目建设。能源主管部门根据新能源规模和利用率目标，科学制定年度新能源建设计划，开展系统调节能力需求分析，明确各类调节能力提升方案。电网企业依据规划目标不断提升输电通道输送新能源比例，加强跨区域间互济，全面提升电网对各类新能源的可观可测、可调可控能力，发挥能源资源配置的平台作用。

加强数智化融合发展。推进数智化在电力领域的深度融合发展，制定电网数智化发展的专门规划，注重数字化、智能化技术与电网建设的有机结合与广泛应用，同时关注与电网有关的整体电力产业数智化技术融合应用，明确发展指导方针、目标任务、政策举措和保障措施。以电网为核心的电力系统上下游产业链涉及区域广泛、行业领域多，应注重一体化意识，统筹制定国家级发展规划，并与行业或区域发展规划有机结合，有效聚集各类资源，推动数智化在电网建设的深度融合。在电网核心主业方面，聚焦数智赋能赋效、电力算力融合、主配网协同发展、提升电网结构坚强可靠与推进网架韧性方面做好规划布局，完善政策机制设计。针对以电网为核心的电力系统整体产业，关注能源数字化技术、电力绿色清洁化、电力设备全链路高效化、人工智能广泛应用、终端用能设备网络化、综合智慧能源规模发展、智能储能推广普及等方面的政策规划，牵引能源整体产业链的智慧建设与健康发展。

发挥市场主导作用。以合理规划为指引，发挥市场对能源资源配置的主导作用，推动电源电网稳步建设，促进新能源高效开发利用，激发各类灵活性资源调节能力。建立适应各国国情的电力市场化价格机制，电网调度机构与电力市场衔接协同，打通发电成本向终端用户传导的路径，推动源网荷储一体化建设。持续完善电力中长期与现货市场、辅助服务市场、容量市场等多类型市场机制，推动市场有效衔接融合，不断提升虚拟电厂、电动汽车、可中断负荷等用户侧优质调节资源参与交易，体现灵活调节性资源的市场价值。建立适应高比例新能源的电力市场与碳市场机制，推动能源市场高度耦合，完善绿电、绿证消费激励约束机制，以市场化方式发现绿色电力的环境价值，形成、竞争有序、安全高效、治理完善的市场体系。

合理使用行政调节。推动构建大电网、建设大市场需注重发挥政府作用，借助行政调节手段解决市场竞争不充分、信息不对称等问题，协调公平与效率，加强市场监管，衔接市场机制与政府职能，推动有序发展。政府主管部门健全市场机制、完善市场功能，制定市场基本规则和统一技术支持系统的数据接口标准，完善市场价格机制设计，明确电力交易、调度运行与安全管理职能，引导市场健康有序发展。政府建立有效的监管体系，以电力市场主体和电力调度交易机构为对象，明确各类型市场参与主体与各级调度及交易机构的安全义务责任，确定市场准入与退出标准，制定市场调度运行与交易结算规则，规范国家及行业相关标准，建立市场信息披露机制，构建市场信用体系，确保电网公平提供输电服务与市场交易公平开展。

2. 技术创新

推动数智化技术创新研发。数智化坚强电网在技术领域的创新将由传统的以源网技术为主，向源网荷储全链条技术延伸，向跨行业、跨领域技术协同转变，对未来电网发展与路径选择发挥关键作用。推动电力系统规划技术、新能源并网技术、电网安全稳定分析与控制技术、大电网智能调度技术、电力电量平衡优化技术、柔性灵活配电技术等支撑电网发展技术的研发应用，结合电网发展需求不断完善优化，有力支撑电网供需平衡与安全稳定运行。对电网未来形态结构与运行模式产生颠覆性影响的关键技术，提前开展布局，如大功率无线输电技术、人工智能大模型技术、量子计算技术及电制燃料原材料技术等，尚存在技术突破难度大、技术链条长等情况，需持续跟踪关注，开展相关基础研究，做好相关技术储备。

开展核心技术标准制定。应对电网技术上的新转变，加强相关核心技术的标准体系建设，优化标准体系结构，完善技术标准重点方向，发挥技术标准的基础性、引领性、战略性作用。现有新能源并网、系统安全与保护、微电网、高端输变电装备等领域的标准体系相对完善，应针对未来电网新形态下需求，进一步完善相关标准的更新，适应新发展趋势。电网数字化、新型储能、新能源市场接入与交易等领域相关技术发展速度快、应用场景不断丰富，应加快相关技术标准的补充研制，实现对各类应用场景的覆盖。在新能源并网、输变电、配用电、调度与交易、电网数字化智能化等领域，相关技术标准具备普适性，应推动各国国内领先的行业与团体标准的国际化应用，形成先进标准的国际互认，构建各国兼容的技术标准体系，有利于带动电网发展与全球能源转型。

构建知识产权体系。电网发展将带动跨行业、跨领域的技术汇集，促使知识产权的涵盖内容更加丰富，对知识产权的科学管理与妥善应用提出了更高要求。建立知识产权战略体系，在特高压、智能电网、新能源、配电网等领域构建梯次化的战略体系，通过专利申请、专利转让、专利许可、企业并购、技术合作、产业联盟等方式完善知识产权布局，降低侵权风险。开展专利布局，集中优势资源挖掘产出专利，对重大电力研发项目提前开展专利布局，明确项目的整体定位和作用，将零散的单个专利统筹为目标明确的专利组合，并加强知识产权保护。推动技术研发、标准制定与知识产权一体化协同，以技术创新作为产生专利与制定标准的基础，专利是技术创新的保障与激励，技术标准有效促进创新扩散，将数智化坚强电网技术成果形成丰富的专利后，适时、科学地融入国际标准体系，健全技术创新、专利保护与标准化互动支撑，促进电网核心技术、专利与标准的良性协同互动与创新融合发展。

3. 产业发展

优化完善基础产业政策。基础产业涵盖电力生产、传输、储存、配置等多个环节，如电网建设运营、电力设备制造，以及相关上下游产业，通过建设适应高比例新能源接入、多能互补的能源网络，实现电力资源高效配置。以重点关注电网为核心的产业链上下游资源安全与降碳为目标，对能源电力基础产业、新能源高质量发展、新能源科技创新、可再生能源电力消纳、新能源上网价格等政策不断优化完善，强化各类型政策措施的系统性、整体性、协同性，推动以电网为核心的产业链更加绿色、清洁、低碳、高效及安全可控，以产业发展带动地区发展与民生改善。

聚焦数字产业政策。数字产业以数据资源为关键要素，以现代化网络为主要载体，推动"大云物移智链"等新一代信息技术在能源电力领域的工程化、产业化融合应用，在电网智能设备、传感通信设备、电力大数据等领域，推动电网向智能灵活调节、供需实时互动方向发展；推动以电网为核心的上下游各环节数据信息采集分析，提供可靠电力与优质服务。重点关注数字产业的开放性与融合性，依托数字产业拓展服务范围和服务边界，与其他产业进行跨界创新，建立对能源数字化智能化创新应用相关技术装备的支持政策，以及对能源数字化智能化人才的激励政策，和政府部门对电网数字科技创新的投资、税收、金融、保险、知识产权等配套保障政策，推动产业向开放包容、广泛互联、高效智能发展。

提前布局新兴产业政策。新兴产业以网络平台建设为基础，满足各类型用能需要，如开展综合能源服务、电碳市场交易、产业链金融、智慧车联网等各类型新业态，通过市场化手段推动产业资本运营与资源优化配置。以重点关注用能拓展新业态、跨界融合新优势为导向，制定综合能源服务、车网互联等领域商业模式、财政补贴、能源与信息技术融合、市场化等配套政策，推动领域有序发展；挖掘电碳产业、电力金融等产业发展与市场潜力，制定引导产业低碳发展的投资激励政策，利用金融工具吸纳社会资本助力电力行业减排降碳，提升电网对低碳能源大范围调配的能力。对新兴产业政策提前布局，有利于推动整体产业链向创新融合、普惠共存、科学治理的方向发展。

4. 财税金融

财政税收政策推动数智化网络健康运行。建立适应数智化发展的财政税收体系，以相关政策优化电力供需配置，推动电力产业技术进步，减轻电力企业负担，增强企业活力，为企业转型升级提供良好的政策环境。制定配套完善的税收政策支撑产业数智化发展，制定项目投资与建设运行的税收减免、生产税收抵扣、电网企业营业税折扣、行业免税与退税政策，根据不同时期可再生能源发展需要，制定不同发电类别的项目税收减免优惠政策，同时合理运用碳税、碳交易政策，推动行业低碳转型。合理运用财政补贴政策发挥数智化转型激励作用，在产业起步阶段，以推动可再生能源发展为目标，建立补贴机制可有效激励行业发展与可再生能源的推广应用。随着技术进步与行业成熟度提升，推动补贴激励政策逐渐从直接补贴向市场招标、溢价政策、差价合约等市场化的价格补贴和数量型政策过渡，从向发电侧直接价格补贴向电网公司提供优质竞价服务转变，营造良好健康的网络竞争环境。

电力投融资政策支撑产业高质量发展。能源电力领域项目建设普遍存在技术要求高、单体项目投资金额大、理论收益率不高但稳定、投资回报周期偏长等特点，需要以推动项目顺利建设与实现企业有序生产经营为目标，制定投融资支持政策，激发社会投资动力和活力，促进产业结构升级。以政策导向推动建立大电网规模化系统购电模式，电网企业作为电力购买方，与可再生能源供应方签订长期购电协议，对供电周期、电力价格、供电方式、接入准则、能源证书等内容进行具体约定，使项目建设方获得投资贷款，有效推动大型可再生能源项目建设。创新商业融资模式，鼓励全社会多元主体投资电源、电网项目，特别针对配电网建设，创新投资方式，对于大型项目建设，通过资产证券化，降低融资成本，以较低利率进行再融资；对于分布式等投资成本较低的项目，可通过第三方融资、投资租赁、担保贷款等方式灵活融资，实现多渠道对电力产业的建设发展，形成有效激励多元主体参与投资的新业态、新模式。

绿色金融政策赋能行业持续繁荣。以绿色金融政策支持清洁能源消纳、能效改进、环境保护等绿色项目的建设运营和风险管理，促使资金集中在绿色低碳优势领域的先进技术与竞争力强的企业，撬动社会资本推动新型电网建设与市场繁荣。构建绿色金融标准体系，完善通用基础标准，对电网上下游相关产业进行细致划分，重点开展对智能电网建设、清洁能源装备制造和设施建设运营、能源系统高效运行等领域的基础标准优化完善；健全绿色信贷和绿色债券标准，重点制定支持可再生能源项目建设与新兴产业中的新能源制造相关政策标准。丰富绿色金融产品和市场交易体系，扩大市场参与主体范围，建立覆盖商业银行、保险公司、证券公司、基金公司、出口信贷机构等机构投资者积极参与电网与发电领域的投资机制；开发在电力市场、碳市场、绿证绿电等绿色金融市场中多元化交易产品，开展产品创新研发，促进市场间产品功能与政策机制衔接；建立健全绿色金融评价体系，强化绿色电力项目信息披露，为金融机构参与绿色交易、提供绿色信贷等投资交易活动提供安全环境。

6.3 小　　结

数智化坚强电网关键技术涉及发、输、配、用、储等众多场景，并与数字化智能化技术深度融合。展望未来，输电技术将呈现高电压、大容量、柔性化发展趋势，配电技术将呈现双向潮流灵活可控发展趋势，用电技术将呈现节能、高效、智能、可控发展趋势，新能源发电技术将呈现低成本、主动支撑电网发展趋势，储能技术将呈现大容量、低成本、安全高效发展趋势，数智化技术将呈现精确感知、智能决策、高效执行发展趋势。构建数智化坚强电网，需紧密结合关键技术发展趋势，加快技术研发和应用，为新型电力系统和新型能源体系建设提供有力支撑。

建立高效的电力市场机制与完备的政策体系是构建数智化坚强电网的重要保障。应综合考虑不同国家、地区的经济社会条件、资源禀赋、能源结构等差异性特点，制定有利于本地区发展的市场建设方案与政策保障体系。市场建设方面，推动电力中长期交易与现货交易机制在多时间尺度的有效衔接，建立更好发挥电网调度功能的输配电价机制，实现资源广域配置；完善维护系统安全稳定运行的辅助服务机制，丰富交易品种，科学疏导服务成本，推动电力系统转型发展与灵活性提升；因地制宜构建容量充裕度机制，合理引导容量资源投资，确保系统调节能力充裕与电力稳定供应；创新促进能源清洁绿色发展的电碳协同机制，推动电力市场与碳市场机制接轨衔接，提升绿证、绿电溯源能力，激励可再生能源实时消纳；构建推动跨国跨区电力流通的交易与运行调度机制，推动全球电力贸易繁荣发展。政策体系方面，强调政策措施的系统性、整体性、协同性，建立完善的政策保障体系。制定合理的战略规划，强化网源协同，加强数智化融合，发挥市场主导作用推动源网荷储一体化建设，合理使用行政调节引导市场健康有序公平运行；建立技术创新政策体系，推动技术研发、标准制定与知识产权一体化协同；构建产业发展政策体系，优化完善基础产业政策，聚焦建立电网数字产业政策，提前布局新兴产业政策；建立健全财税金融制度，推行财政税收政策推动数智化网络健康运行，实施电力投融资政策支撑产业高质量发展，创新绿色金融政策赋能行业持续繁荣。

7

可持续的未来

　　回望过去，人类对自然从敬畏到征服，努力拼搏发展，但随着资源、环境、发展之间的矛盾日益突出，人类社会正经历前所未有之大变局。面向未来，人类在与自然的互动中不断进步，实现碳中和目标进入后碳中和时代。数智化坚强电网在这一进程中不断演进，在能源技术与数智化技术协同应用影响下，满足世界对绿色电力生产消费的更大需求和更高要求。数智化坚强电网将与社会、技术、能源发展产生更广泛更深刻的交互影响，发挥更大功能作用，推动经济社会变革升级，技术融合交叉创新，能源系统转型重塑，给人类发展带来更大想象空间，实现人人享受更充足的能源、更繁荣的经济、更舒适的生活、更宜居的环境，开启世界可持续发展更加美好的明天。

7.1　经　济　社　会

回顾人类发展历程，能源与信息犹如双螺旋般交织，每一次重大突破都推动生产力跃升，基础设施升级与社会转型双轮并进。第一次工业革命，蒸汽机的发明与煤炭的广泛使用为生产提供了强大动力，使机械化生产成为可能。同时，蒸汽动力印刷机带来了信息传播的革新，使知识得以更广泛传播，相对低效和分散化蒸汽动力火车交通网、煤气管网、邮政网成为基础设施，为人类由农业社会进入工业社会奠定了基础。第二次工业革命，电力和石油成为新的能源核心，极大提升了工业生产力。与此同时，电报和电话的发明实现了即时信息传递。工业流水线的产生，极大地提高了物资生产效率。油气管网、内燃机为动力的交通网络、电报电话网出现，大大提升了基础设施提供服务的效率与能力，实现了全球经济联系和合作。第三次工业革命，信息技术的迅速发展改变了信息传播方式，计算机、互联网和移动通信让信息处理、存储和传输达到新的高度。同时，能源的智能化管理技术逐步提升了能源的利用效率，信息的开放性和可及性大幅提高，电网、电气化交通、光纤 / 卫星通信作为新一代基础设施的代表，为能源、知识与物资的全球共享创造了条件。

当前，以数智化坚强电网为代表的清洁能源与智能技术发展浪潮以及智能互动、互联融合的发展逻辑，正推动着新的社会变革，不仅促进了生产力的提升，还在重新构建生产关系。一个能源自由、知识自由和物资自由的时代正在向我们走来。能源自由意味着能源获取不再受到限制，能源不再由高碳不可持续的资源获得，转由清洁可再生的资源获取，来源更加广泛，不受时空限制，价格更为低廉边际趋零，为经济社会提供不竭动力。知识自由意味着知识传播分享不再受到约束，增长速度不断加快，传播方式更为多样，每个人都可以更自由地获取和分享信息资源，进一步推动创新创造。物资自由意味着物资可以按需索取、按需分配。随着自动化智能化发展，人类获取各类物资，不再受资源储量约束，也不再受限于自然生成过程，通过低廉的能源和自动化智能化的物理化学工艺流程生产，物资极大丰裕，按需分配。三大自由是人类文明发展的更高阶段，将极大提升人类经济、社会、科技、文化发展水平，推动人类社会向文明、和谐与可持续的方向迈进。人类社会文明、和谐与可持续发展逻辑关系见图 7.1。

图 7.1 人类社会文明、和谐与可持续发展逻辑关系

能源自由。能源是推动经济和社会发展的核心动力，每一次人类进步都伴随着新的能源形式的出现，从掌控火源到使用煤炭、石油，能源革命一直是生产力跃升的重要源泉。距今约 100 万年前，人类学会利用火，得以逐步摆脱对自然环境的束缚。人类能够在夜间活动、烹饪食物和驱赶野兽，提升了生存能力和群体组织的复杂性。到了 19 世纪，煤炭成为工业革命的主要能源，蒸汽机的普及极大推动了工厂化生产和城市化进程。煤炭燃料使得工业机械化发展迅速，社会生产力显著提升。以蒸汽机驱动的铁路和船舶，缩短了时空距离，加速了原材料、商品和人员的流通，现代工业社会初现雏形。20 世纪，石油逐渐取代煤炭成为全球能源的核心。石油推动了全球化的早期阶段，然而，化石能源的大量使用也带来了污染与温室气体排放的难题，对生态环境产生了深远影响，并促使人们开始反思能源结构的可持续性。威廉姆·斯坦利·杰文斯提出每一次蒸汽机的成功改进都进一步加速了煤炭的消费，煤炭利用的效率越高，会导致对不可再生的煤炭需求的增长，也导致了更多的污染❶。21 世纪以来，技术进步和成本下降使清洁能源进入大规模应用阶段。全球可再生能源装机容量稳步增长，到 2022 年，可再生

❶ 资料来源：[美]约翰·M.波利梅尼，等. 杰文斯悖论：技术进步能解决资源难题吗[M]. 许洁，译. 上海：上海科学技术出版社，2014.

能源发电量已占全球电力总量的近 30%❶。智能电网和储能技术的发展也使得能源的生产与分配更加高效，能源利用效率得以提升，并有效降低了碳排放。基于电力的能源自由，利用的是零碳可再生资源，而不是消耗不可再生资源，边际成本趋零，生产生活按需索取，破解了杰文斯悖论。电力需求的发展见图 7.2。

电力供能地位的三次超越

注：有用能源是在所有加工和转换损失之后剩余的总能源。

图 7.2　电力需求的发展 ❷

　　知识自由。从活字印刷术到电报与电话的发明，再到互联网的崛起，知识自由是人类社会进步的关键引领。11 世纪毕昇发明了活字印刷术，15 世纪古腾堡改良了活字印刷技术，19 世纪初蒸汽机带动的滚筒纸平板印刷机发明，1814 年首次在伦敦成功印刷《泰晤士报》，效率是原来印刷机的 5 倍，推动了印刷技术的发展，大大加快了知识传播。进入 19 世纪末至 20 世纪初，电报和电话的发明开启了远距离信息传播的时代。电报在 1844 年投入使用，使信息在大洋两岸可以实时传递；1876 年，电话的发明更进一步实现了语音沟通。知识的传播途径不再局限于书籍和课堂，信息以多样化的方式进入了千家万户，信息传播的时效性和互动性显著增强，知识在更大范围内广泛传播，增

❶ 资料来源：IEA. Electricity Market Report 2023. 2023.

❷ 资料来源：未尽研究，寰球零碳. AI 改变能源：智算如何引领新型电力系统［R］. 2024.

进了社会成员之间的文化联系和思想沟通。20世纪下半叶，互联网和移动通信的崛起推动知识传播进入了数字化时代。2021年底，全球约63%的人口已连入互联网❶。互联网与移动技术让信息第一次在全球范围内以跨国界、实时性形式流通，信息的共享超越了时间和空间的限制。巴克敏斯特·富勒提出知识倍增曲线理论，描述人类知识随时间增长的速度❷。人工智能是知识倍增曲线加速的关键驱动力。随着人工智能发展，信息与知识将转化为影响人类发展进程的新能力。未来，每个人都可以通过网络获取海量的知识资源，构建起多领域跨界融合的发展机制，形成跨越政治、文化、思想界限的新型社交关系。知识自由赋予个人更多的能力，每个人都可以成为知识信息的创造者和传播者，积极参与全球经济和社会的建设。开放的教育资源和共享的科研成果，使创新的速度大大提高，新思想和新技术能够迅速传播并应用于实践。知识自由正推动着社会以指数级的速度进步。知识增长趋势见图7.3。

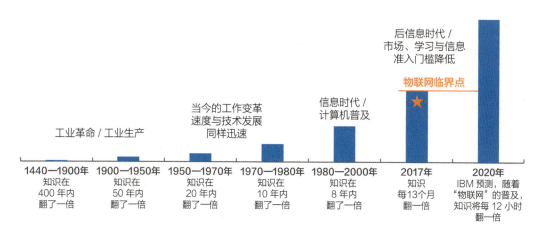

图7.3　知识增长趋势

物资自由。从早期农耕社会的初步保障到现代工业化和智能化生产的多样化供应，物资的充足供给是人类生存发展的基础与保障。最早可追溯到约1万年前的农业革命。这一时期，人类从游牧狩猎转向农耕定居，逐渐掌握了粮食生产的基本能力，使食物供应有了稳定的保障，人口开始迅速增加，早期的村落和城市也逐渐形成。这一阶段，人

❶ 资料来源：人民网研究院. 中国移动互联网发展报告. 2022.

❷ 资料来源：R. 巴克敏斯特·富勒. 关键路径［M］. 桂林：广西师范大学出版社，2020.

类第一次实现了对物质资源的初步掌控,确保了基础的生存需求。随着工业化到来,物资生产进入了新的阶段。18世纪末,机械化生产的推广使工业产能显著提升。工厂化生产使得商品的制造和分配速度大大加快,物质资源的供应不再局限于手工劳动的速度。与此同时,大量机械设备的应用和基础设施的兴建,使得城市化进程加速,人们对日用品、交通工具、建筑材料等多样物资的需求得到更充分的满足。进入20世纪中叶,电气化和自动化进一步提升了物质生产效率。流水线生产的普及,使得工业品的生产实现了标准化和高效率的模式。随着物资生产成本的降低和生产规模的扩大,生活必需品逐渐普及,消费结构也日趋丰富。资源丰裕理论认为,人类可以通过科技进步将有限资源变得"无限" [1]。循环经济理论认为,通过再循环和再利用将废物转化为新资源,物资在经济系统中得到延续使用,减少对新资源的依赖,提升物资自由 [2]。后稀缺经济学理论认为,通过科技进步,如自动化和人工智能,人类能达到几乎无限的生产力,资源将变得丰裕。物资可以以低成本甚至零成本生产,实现物资的普遍可得性,达到"物资自由" [3]。21世纪以来,自动化技术的发展则标志着物资生产进入高效和多样化的新阶段。全球工业自动化市场规模预计到2030年将达到3000亿美元 [4]。随着机器人、3D打印等技术的发展,物资生产的灵活性和效率进一步提高。智能制造和资源循环利用的发展使人类对物质资源的掌控更加精细,产品的个性化定制和快速生产逐渐普及。未来,无限的能源将带来丰裕的物资,消除对水、粮食等生存资料的争夺,进入后稀缺经济和循环经济社会,人人都能充分享受到经济发展的成果。能量物资循环见图7.4。

未来,我们将进入一个以共享、智能、绿色、包容为特征的繁荣新时代。经济社会信息和资源在全球范围内自由流动,打破地域和文化的限制,未来"数字丝绸之路"将连接全球的信息和资源。每一个物体、每一个交通工具、每一栋建筑都将成为融合互联网络的一部分,能源、信息、交通、建筑、水资源共享的阻碍逐步消融。社会生产由智能网络和智能机器完成,生产模式发生深刻变革,生产力得到极大发展。虚拟现实、数字孪生、工业机器学习、智能物联网等技术重塑工业生产形态,实现按需定制和柔性灵

---

❶ 资料来源:朱利安·L.西蒙. 没有极限的增长 [M]. 重庆:重庆出版社,2022.

❷ 资料来源:World Economic Forum. Towards the Circular Economy: Accelerating the scale-up across global supply chains. 2014.

❸ 资料来源:马歇尔·麦克卢汉. 理解媒介:论人的延伸 [M]. 南京:译林出版社,2019.

❹ 资料来源:Data Bridge Market Research.

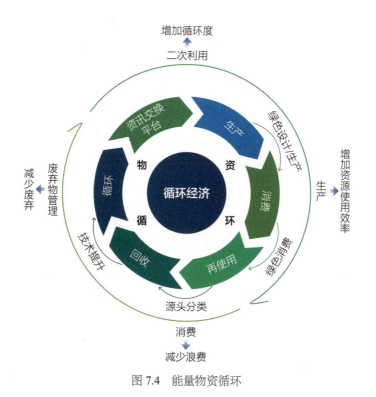

图 7.4 能量物资循环

活生产。智能化实现立体农业、数字农业等多种形态。教育、医疗、金融等服务全面实现智能化，智能设备、智能家居、智能穿戴全面普及。人类与自然环境相互依存的密切关系回归和谐。人类文明实现效率创新与包容均衡，突破能源、物资的瓶颈制约，社会环境实现可持续发展。人们将不再为生存而竞争，而是为实现更高层次的文明而携手努力，形成人与自然、人与人和谐共生、良性循环、全面发展、持续繁荣的人类命运共同体。

7.2 科　学　技　术

　　技术创新史就是人类的发展史，人类最重要的进化就是学会使用工具，拥有技术。但技术的发展不是线性的孤立的，科学史学家洛林·达斯顿指出，打破范式的创新大多发生在不同学科的交叉边缘。在几次工业革命中，即出现了技术的"寒武纪大爆发"。第一次工业革命中蒸汽机和纺织机械结合了机械工程和热力学、材料学。第二次工业革命中，电磁学和电子技术促成了电力和通信的创新，内燃机则结合化学与工程。技术的发展史也证明了只有不断地前瞻，不断地解放思想，打破已有常规，才能获得不断的发展❶。

数智化坚强电网既是新一轮技术革命的重要方面，也为各科技领域交叉创新提供基础支撑，与人工智能与机器人、物联网与多网融合、太空能源开发、超大规模海水淡化、超导材料制备与应用、人工有机合成等为代表的重大交叉技术方向相容并进，共同发展，支撑经济社会的革新与进步。

人工智能与机器人。人工智能的发展将引领人类进入一个"以机器为延展"的时代。20 世纪 50—70 年代，人工智能概念在 1956 年的达特茅斯会议上由约翰·麦卡锡首次提出，标志着 AI 研究的开端。然而，由于计算能力不足在 20 世纪 70 年代进入低谷。20 世纪 80 年代—21 世纪，AI 技术迎来了第二个高峰。反向传播算法和霍普菲尔德神经网络的提出使得 AI 在知识工程领域取得进展。2000 年至今，深度学习和神经网络的发展推动了 AI 的第三次浪潮。2006 年，杰弗里·辛顿提出了"深度学习"概念，使 AI 能够自动提取数据特征，极大提升了自我学习和环境感知能力。2012 年，卷积神经网络（convolutional neural networks，CNN）在 ImageNet 大赛中的成功标志着 AI 在图像识别和语音处理领域取得突破。近年来，大模型（如 GPT 系列和 CLIP）的出现使 AI 具备跨任务泛化和多模态处理能力，在语言、视觉等领域的应用更加灵活。2020 年，波士顿动力的商用机器人 Spot 在建筑和采矿等领域实现初步应用，标志着 AI 大模型驱动的具身智能进入实际应用场景。未来突破方向，主要包括自主学习与环境适应，大模型的泛化能力将提升机器人在复杂和变化环境中的自适应性，使其能快速学习并适应新任务，减少人工干预。多模态交互，结合语言、视觉和听觉等多模态处理，大模型使机器人实现更自然的人机互动，能响应语音、手势和视觉信号的综合指令。量子计算与人工智能的结合，解决 AI 的关键瓶颈，为复杂模型训练、海量数据分析和优化问题带来效率提升。任务通用性，基于大模型的通用框架将让机器人在不同任务和场景间灵活切换，提升跨领域功能。协作与智能配合，大模型的智能处理使机器人在团队协作和人机协作中的角色更加灵活，能够与人类和其他机器人高效配合。

人工智能与机器人革命性的技术进步，将彻底解放人类的生产力。繁重的体力劳动和重复性任务将由机器人承担，人类与机器共同形成一种协同智能，专注于创造性、战

---

❶ 资料来源：中国科学院. 创新 2050：科学技术与中国的未来. 2009.

略性的工作。机器人也将带来新的就业机会和产业模式，推动经济和能源电力需求的持续增长。

物联网及多网融合。物联网技术正在快速发展，将创造一个"万物互联"的世界。1982 年，美国卡内基梅隆大学的研究人员首次在售货机上安装传感器，实现了远程监控库存和温度的功能，被视为物联网的雏形。2005 年，国际电信联盟（International Telecommunication Union，ITU）在信息社会世界峰会上发布了《ITU 互联网报告 2005：物联网》，指出未来所有物体都将能够通过互联网进行通信，奠定了物联网的理论基础。物联网战略在全球多国引起关注。IBM 提出了"智慧地球"构想，强调通过物联网技术，将传感器嵌入基础设施如电网、铁路和供水系统中，实现全面智能管理。日本的 u-Japan 战略和韩国的 u-Korea 计划进一步推动了智能家居、泛在网络的应用。中国提出了"感知中国"战略。2020 年以来，5G 网络的商用部署和边缘计算的普及为多网融合提供了新的动力，全球 5G 网络已覆盖超过 40% 的世界人口❶。未来发展趋势，主要包括新一代通信技术，6G 和未来的通信技术将实现卫星互联网接入等，为全球范围内的高速、无缝连接提供可能。物联网与边缘计算，边缘计算的普及，将数据处理从云端下沉到网络边缘，提高实时性和安全性。结合人工智能，边缘设备可以独立进行数据分析和决策，减少对中心服务器的依赖。跨领域网络融合，通过制定统一的通信协议和数据标准，实现电力网、信息网、交通网、建筑网等多种网络的深度融合。

万物互联将带来生活方式的革命。智慧城市中，交通更加顺畅，能源利用更加高效，公共服务更加便捷。智能用电和智能家居让生活更加舒适，让知识跨越地域和文化的壁垒，自由流动。

太空能源开发。以空间太阳能发电为代表的太空能源开发，旨在利用太空中充足且稳定的太阳能资源。1968 年，彼得·格拉泽（Peter Glaser）首次提出了空间太阳能电站（space-based solar power，SBSP）的设想。20 世纪 70 年代，美国国家航空航天局和能源部开始研究 SBSP 项目，提出了理论框架，但由于当时技术复杂、成本高昂，这一构想未能得到推进。21 世纪，随着材料科学和航天技术的发展，SBSP 的概念再次受到关注，在地球静止轨道上，一块 10 千米宽的太阳能电池板每年可产生 5700 亿千瓦时的

---

❶ 资料来源：中国信息通信研究院. 全球数字经济白皮书. 2024.

电量。而英国 2022 年的总用电量约为 3200 亿千瓦时 ❶。2009 年，日本宇宙航空研究开发机构（Japan Aerospace Exploration Agency，JAXA）提出"太阳能发电卫星"计划，并在 2011 年成功完成微波能量传输实验，为 SBSP 的实际应用提供了技术验证。2023 年，加州理工学院的"太空太阳能演示项目"完成太空至地面的无线能量传输实验，标志着该领域的显著进步，见图 7.5。英国 Space Solar 公司与冰岛雷克雅未克能源公司签署了一项协议，计划在冰岛建设 30 兆瓦的示范电站，于 2030 年投入使用。中国于 2018 年在重庆启动了空间太阳能电站实验基地，计划通过一系列在轨试验为未来的商业化奠定技术基础。火箭的回收与重复使用技术至关重要，2024 年太空探索技术公司（SpaceX）成功执行了超重—星舰第五次综合飞行试验，并首次实现了超重助推级的"筷子"捕获回收。这一突破标志着重型火箭回收技术进入了新的阶段。未来发展趋势，主要包括高效能量收集与转换，开发适用于太空环境的高效、轻量化太阳能电池。无线能量传输技术，研究安全、高效的能量传输方式，如微波传输和激光传输。解决大气衰

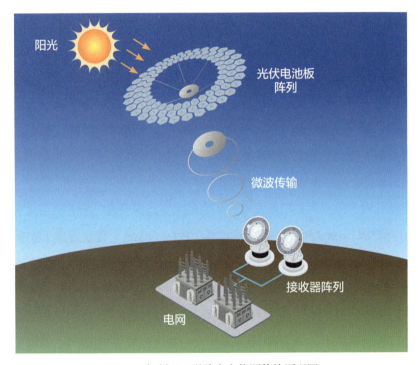

图 7.5　加州理工学院太空能源传输原理图

---

❶ 资料来源：https://www.stdaily.com/guoji/shidian/202403/5f4c605ce1154a028141ec43612d4d1f.shtml.

减、能量散射等问题，提高传输效率。建立精确的定向控制系统，确保能量束安全可靠地传输至地面接收站。太空结构的组装与维护，开发在轨自动组装技术，利用机器人和自主系统，在太空中建造大型太阳能发电结构。研究模块化设计，方便更换和升级，延长系统寿命。火箭自主着陆技术，进一步提升自主导航、控制和推进技术，开发垂直起降和水平起降等多种回收方式，适应不同的任务需求。

太空能源开发的突破，将实现真正的能源"无限"。电力传输将不再受地形和距离的限制，与可再生能源结合，无线输电将推动能源的高效利用和空天范围的能源共享。

超导材料制备与应用。 高温超导材料（如钇钡铜氧化物）在液氮温区（约 77K）具备超导性，但临界温度仍远低于室温。超导技术在核磁共振（magnetic resonance imaging，MRI）设备、超导磁体等领域已有广泛应用，在 MRI 设备中，超导磁体能够在电流流动时保持无电阻状态，确保磁场的稳定性和强度，从而显著提高成像的分辨率和清晰度。未来发展趋势，主要包括室温超导材料的发现，寻找在常压下具备高临界温度的超导材料，实现室温超导的实用化。超导电力设备的研制，设计超导电缆、变压器、储能装置等，利用超导材料的零电阻和高载流能力，减少电能传输损耗。开发各类超导磁悬浮交通工具，提高交通速度和效率。突破在量子计算和核聚变中应用，超导电路是实现量子比特的主要方式之一，在量子计算领域发挥关键作用。在核聚变反应中，超导磁体的强磁场作用使其在极端条件下尤为有效。

超导技术是改变能源传输、储存和使用方式的重要技术，可以用于超导输电以及超导无摩擦运输，大幅提高能源利用效率。

核聚变能源。 20 世纪 50—70 年代，核聚变研究的开端。1950 年，苏联科学家伊戈尔·塔姆和安德烈·萨哈罗夫提出了托卡马克（Tokamak）装置的概念，标志着受控核聚变研究的重要突破。20 世纪 70 年代，世界各国开始投入大量资源研究托卡马克等核聚变装置。20 世纪 80 年代—21 世纪，核聚变研究取得重要进展。1983 年，欧洲联合环（Joint European Torus，JET）开始运行，是当时世界上最大的托卡马克装置。1991 年，JET 实现了首次受控核聚变能量释放。1997 年，JET 在实验中产生了 16 兆瓦的聚变功率，创造了新的纪录。21 世纪至今，国际热核聚变实验堆（International Thermonuclear Experimental Reactor，ITER）项目的启动，标志着全球核聚变研究进入新阶段。2007 年，ITER 在法国卡达拉舍正式开工建设，旨在验证核聚变的可行性，为未来商业化铺平道路。2020 年，中国的"人造太阳"装置——中国环流器二号 M（HL-2M）

首次放电成功，为核聚变研究提供了新的平台。2022 年，美国国家点火装置宣布在核聚变实验中实现了净能量增益，这是核聚变能源开发的重大里程碑。未来发展趋势，主要包括磁约束核聚变发电，进一步突破稳态燃烧等离子体产生、维持与控制，氚循环与自持，聚变堆高热负荷材料，高温超导磁体，堆芯远距离控制，聚变发电等关键技术；惯性约束核聚变解决激光等离子体相互作用、流体力学不稳定性等理论问题，验证工程经济可行性。

核聚变能源的突破，既带来无限清洁的能源供应，也将加速人类文明的进化。美国理论物理学家和未来学家加来道雄提出核聚变能源是人类迈向星际文明的关键技术之一。

超大规模海水淡化。当前，约 40 亿人即全球一半人口每年至少有一个月处于高度缺水状态❶。海水淡化技术，如反渗透、蒸馏法等，已在西亚等地区得到应用，但由于能耗高、成本高、环境影响等问题，难以满足大规模需求。未来发展趋势，主要包括高效能量利用，采用可再生能源，如大型海上风电场、浮式太阳能发电站，直接为海水淡化过程供电，降低对化石能源的依赖。发展能量回收装置，提高系统的能源利用效率。先进膜材料，开发高通量、低能耗的纳米复合膜、石墨烯膜等新型反渗透膜材料，提升淡化效率，延长膜的使用寿命。模块化海上平台，设计集成化、模块化的海上淡化装置，灵活部署在海上，减少对陆地空间的占用。利用海上平台，结合可再生能源发电，实现能源供应和淡化处理的一体化。

超大规模海水淡化技术将为全球提供稳定、充足的淡水资源。干旱和半干旱地区的水资源短缺问题将得到解决，农业灌溉和工业用水得到保障，粮食安全和经济发展得到促进。

人工有机合成。直接利用可再生能源电力，通过工业化学方法将 CO_2 和水转化为有机物的人工合成技术近年来受到广泛关注。人工有机合成的概念可以追溯至 20 世纪的生物化学研究，但真正的突破始于 21 世纪初的人工合成路径的探索。2000 年左右，科学家们开始尝试通过光催化和电化学途径合成有机物，但由于催化剂的效率和稳定性低、选择性差，进展较为缓慢。2015 年后，电化学合成领域在提升 CO_2 还原效率方面取得了进展，包括纳米结构铜、铁氮掺杂碳等高效电催化剂的出现，为进一步开发复杂

---

❶ 资料来源：http://paper.people.com.cn/rmrb/html/2023-09/26/nw.D110000renmrb_20230926_2-17.htm.

的有机分子奠定了基础。2021 年，中国科学院的研究团队首次实现了"电制淀粉"技术，通过多步骤电化学过程将 CO_2 和水转化为淀粉分子。电化学还原 CO_2 的效率和选择性需要提升，工业化装置的设计和运行还面临挑战。未来发展趋势，主要包括电化学合成，开发高效电催化体系。优化反应条件，提高产物的选择性和产率，降低电能消耗。催化剂创新，设计新型高效、低成本的催化剂材料，增强催化活性和稳定性。研究催化剂的失活机制，延长其使用寿命。工业规模化应用，建立大型电化学反应装置，实现连续化、模块化生产。

人工有机合成技术的革命性突破，将实现碳循环的工业化。通过将 CO_2 转化为有机物，既减少了温室气体排放，又提供了可持续的化工原料。石化产业将逐步向绿色化、可再生方向转型。

7.3　能　源　系　统

人类能源利用从生物质能源时代到化石能源时代再到清洁能源时代，能源系统不断演进。原始人类逐步掌握和驯化火，通过从自然界中直接拾取木柴、秸秆等作为能源；从 19 世纪末采掘煤炭，到 20 世纪 60 年代利用钻井提取油气，再到目前直接获取自然界直接产生的水能、太阳能、风能，并将电力作为优质高效的终端能源。这一历程中，能源系统向融合集成发展，能源生产向零碳清洁发展，能源传输向广域互联发展，能源使用向高效多元发展，能源与自然关系向和谐共存发展。

以数智化坚强电网为核心，**未来能源系统**的发展将以清洁能源为全部能量来源，以"空天陆海多位一体、有线无线结合"为能源主要传输方式，以电能及氢能为终端使用形式，形成网融物联的新型基础设施，具有智能协调的运行能力，驱动能源—物资协同生产，实现人类在生存空间上、发展范式上、与自然相处模式上的突破，人类文明进入新篇章。**系统特点**主要体现在协同性、自律性、开放性、生态性。协同性体现在多种网络横向协同、各环节纵向互动、信息物理系统融合。**自律性**体现在系统中节点功能的强化，负荷节点也具备生产功能，生产节点也配置储存装置，与外部交互不再是被动单一的形式，而是具备自支撑自调节能力。**开放性**体现在系统本身与系统周围的环境不仅有能量的交换，还有信息的交换，乃至物质的交换。**生态性**体现在通过零碳风能、太阳能实现供应，并智能地根据光照、风速等自然条件与能源需求实现互动匹配，污染物、报废装备可以回收利用，与自然规律相协调，而不是干扰破坏。

结构形态上，依托物联网及多网融合技术，以数智化坚强电网为发展起点，通过动力层、物理层、数算层、应用层和业态层五层结构实现电力、交通、信息、建筑的深度整合，结合元宇宙、数字孪生、虚拟和增强现实等技术构建物理世界在虚拟空间完整映射与实时互动。在动力层实现能源融合，推动能源供需协同和结构优化，提供安全、高效、清洁的能源保障。在物理层实现设施融合，推动通道、枢纽、设备和终端集成共享，减少土地和空间占用，提高投入产出。在数算层实现数据融合，推动各类数据跨平台共享，创造更大效益。在应用层实现业务融合，推动业务协同和服务创新，提高业务水平和企业效益。业态层，在前四层的基础上，实现产业融合，打破行业壁垒，培育新业态、新模式和新产业。未来网融物联基础设施层级结构见图7.6。

未来能源生产，通过科学有序的方式从依赖碳基能源转变为零碳永续能源供应。各类形式的先进发电技术支持清洁能源大规模开发利用，以数智化坚强电网为平台，各类清洁能源低成本、高效率、友好性转化为电能。地面与空间太阳能发电装置和各类风力发电装置充分捕捉自然能源。能源生产实现与自然协调的智能化，在全球气象卫星链的数据支撑下，全球各地的光强和风速能够精确预测，以高效智能绿色方式进行能源电力生产。碳基能源有序退出历史舞台，绿电制氢与捕集的 CO_2 通过有机合成技术，转化为氨类、醇类等生物燃料。零碳能源生产供应示意见图7.7。

在地域广袤的中国西部与中亚、西亚、北非大地上，电氢碳耦合基地群，将是未来能源生产变革的重要代表。光伏基地、风电基地、特高压线路、化工工厂、冶金工厂、循环利用工厂在戈壁荒漠地区拔地而起，构建一个高度协同的能源化工生产生态，推动绿电的稳定可靠供应和外送，绿电和绿氢的高效消纳，高载能产业的降碳转型，绿色氢基产业发展壮大，引领人类由资源约束型的能源工业发展模式进入技术主导型的能源工业发展模式。电、氢、碳耦合开发模式在能源生产环节，风、光发电是主要的电力来源，电解水制氢作为高度可调节的负荷，是重要的灵活性调节资源，配合氢发电等电源，实现电力稳定供应、外送。通过富余新能源电力电解水制氢，部分电能转化为氢能，氢作为能量载体可供化工、冶金、交通、制热、发电等领域的终端应用。电—氢—碳耦合的能源化工基地将尽可能利用所有参加反应的原子，提高原子利用率。

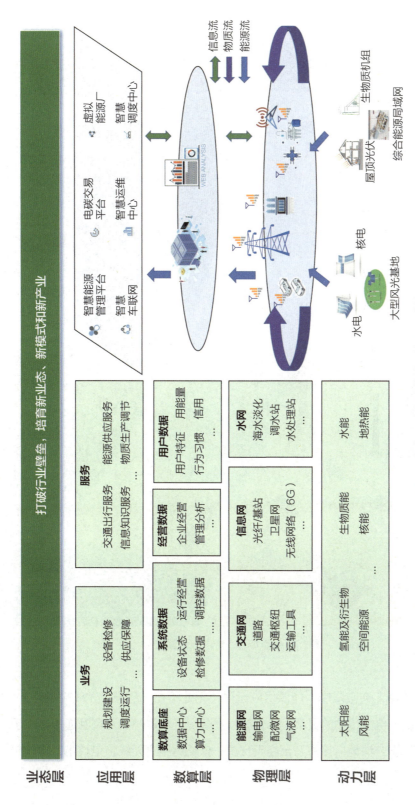

图 7.6 未来网融物联基础设施层级结构

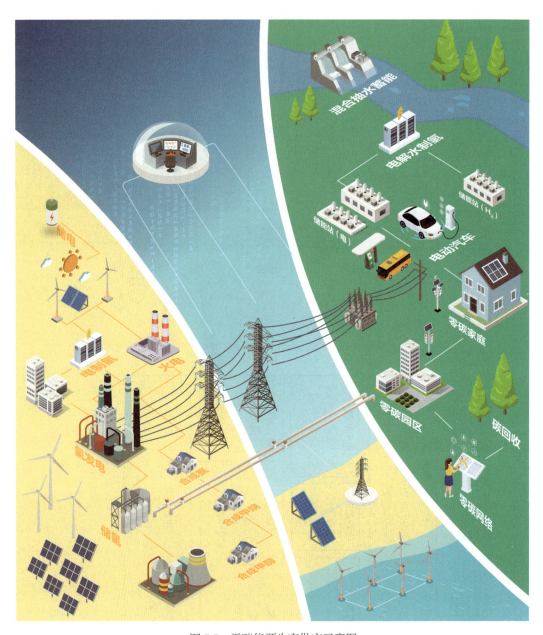

图 7.7 零碳能源生产供应示意图

　　未来能源传输，突破限制，能源供应无限、无处不在。超导、无线输电等新材料、新技术不断创新，电能传输的灵活性和便捷性显著提升。资源的互联互通不再限于地球表面，而是容纳整合深地、深海乃至空天资源，依托远距离无线输电技术，构建起太空能源网络，人类发展空间活动由有限空间的零和博弈向无限空间的太空探索。

空天陆海多圈层能源互联将成为未来能源传输的总体架构。多圈层包括外太空、大气、陆地、水多个层级。外太空圈层，无线能量传输技术将巨型空间太阳能发电站产生电力远距离传输。通过在地球同步轨道部署大规模太阳能发电卫星阵列，高效收集太阳能，将其直接转化为电能。基于微波或激光，以精确的定向能量束形式传输到负荷端。在地面以大型接收站，例如矩阵式天线等阵列，接收并将这些能量重新转换为电力，输送到电网。利用太空电力传输可以对边远地区、灾区供电，甚至干预台风强度和方向，减少其对沿海地区能源供应的不利影响，还可以成为轨道中的"太空充电桩"，为中小卫星或空间生产基地提供能源支持。大气层圈层，距离地面几百至几千米的高空风能同样具有功率密度高、风速稳定等优点，将在空域不受限制地区获得应用。陆地圈层，建成覆盖陆上大型风电和太阳能发电基地的基于超导等材料的能源网络，实现大范围能源配置，并与大型储能、制氢、海水淡化、输氨（醇）管网等基础设施深度耦合。水圈层方面，利用特高压海底电缆，使大型海上清洁能源基地实现数千千米的跨海能源输送。空天陆海多圈层互联概念见图7.8。

未来能源使用，社会用能高度电气化，服务个性多样。电力作为高品质能源在全球应用更加广泛，地球上每个角落的人们都将充分享有清洁、高效、低成本的电力供应，各类超级计算机、工业机器人、大型飞行器，直接或间接电能替代技术快速成熟并大规模应用，电能进一步发挥生产、配置和转换优势。针对不同类型的用能主体，通过智能设备实现全面感知，根据电源出力的规律、用电行为和偏好，动态调整需求，享受个性化的供电方案，多场景、多样化电力消费得到满足。零碳协同能源使用示意见图7.9。

在城市群等能源消费中心，综合利用量子技术、人工智能技术、类脑智能技术等构建的智慧综合能源管理平台，将是未来能源使用的核心支撑。智慧平台实时全面获取能源使用情况，深入分析各类用户的供应和需求特性，识别用电的高峰和低谷，充分挖掘楼宇和家庭的分布式光伏、分散式风电的能源输出能力，综合考虑远距离受入与本地清洁电力特性，为用户提供用能优化方案。通过电—碳联合市场的实时交易，基于不同时间段能源以及生产领域碳排放特征，赋予消费者主动参与市场的能力，不仅提高能源效率，也为城市提供了新的经济激励机制，每个人都成为能源的生产者和消费者。

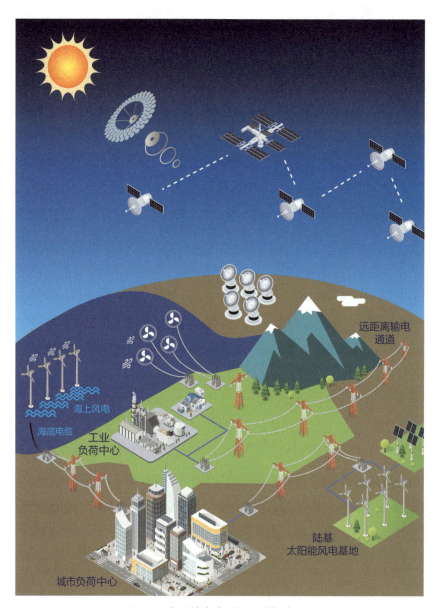

图 7.8   空天陆海多圈层互联概念图

　　未来能源生态，形成环境、社会、能源多领域的协同，推动人与人、人与自然和谐相处，消除饥饿贫困，消弭发展鸿沟。人类社会围绕电力平台构筑能源合作新网络，由能源融合协调，拓展到能源—物资的协同发展，展开各类协同合作，人类与自然环境相互依存的密切关系不断回归和谐，共筑生态文明之基，形成和谐共生、良性循环、全面发展、持续繁荣的人类命运共同体。

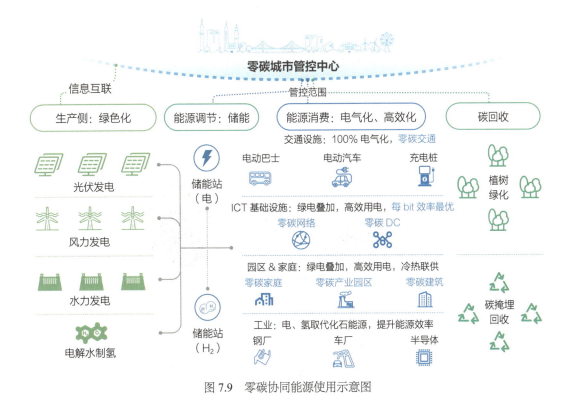

图 7.9 零碳协同能源使用示意图

以水、粮食、能源为代表的能源—物资协同发展是未来能源生态合作的重要形式。水、粮食是人类社会发展的基础物资，水是生命之源，维持生物生存、农业灌溉、工业制造等各项基础需求，粮食是人类生存和社会安定的基本保障。水能粮作为生态要素存在共生约束关系，当某种供给能力有限，甚至已达到极限时，将引发可持续发展问题。用零碳排放、零边际成本清洁能源"以能换水、以能产粮"，能源—物资协同治理，可以突破制约极限，人们不再为生存而斗争，而是为实现更高层次的文明而携手努力构建新世界。在各大洲干旱缺水地区，以"水—能—粮"为代表的能源—物资协同发展模式保障不让一个地区从人类发展中掉队。"水—能—粮"协同充分利用丰富的清洁能源，驱动先进的海水淡化工厂或者进行跨国跨流域的水资源调度，获取源源不断的淡水，解决水资源供应紧缺和分布不均的问题，从而摆脱淡水匮乏对社会经济发展的束缚。在水资源得到保障的基础上，运用基因工程等现代农业技术，显著提高粮食的产量和质量，或直接利用有机合成技术耦合绿氢与 CO_2，用电制取合成食物和蛋白质。贫困和饥饿困境中的人们将有机会享用高营养、高品质的食品，整体健康水平将得到大幅提升。"水—能—粮"能源—物资协同生产概念见图 7.10。

图 7.10　"水—能—粮"能源—物资协同生产概念图

7.4　结　　语

数智化坚强电网是顺应能源变革、数字革命大势，实现全球能源电力高质量发展的核心，是一个不断发展演进的开放融合巨系统。数智化坚强电网成为经济社会发展的重要基石，推动能源创新发展、经济繁荣共享、社会和谐包容、环境清洁美丽以及治理协同高效。展望未来，数智化坚强电网与社会、技术、能源等领域发展同频共振，人类进入知识自由、能源自由、物资自由的时代，科技创新密集活跃，各领域技术交叉融合，促进人工智能与机器人、万物物联、空间能源互联、超大规模海水淡化、人工有机合成等各类创新不断涌现，推动经济社会发生深刻变革。数智化坚强电网促进智能信息系统与坚强物理基础设施深度融合，推动新型电力系统形成，生产环节各类清洁能源直接转换为电能，使用环节以电力满足安全、经济、普惠用能需求，传输环节立体化的高效电力传输确保能源资源广域高效配置。电力系统逐步推动世界新型能源体系的构建，促进能源实现清洁永续供应、灵活多元配置、消费潜力无限、合作生态融合，驱动经济社会发展智慧高效、协同共享、繁荣进步，开创全球发展合作新格局，谱写人类发展新篇章。

参 考 文 献

［1］辛保安. 新型电力系统与新型能源体系［M］. 北京：中国电力出版社，2023.

［2］辛保安. 新型电力系统构建方法论研究［J］. 新型电力系统，2023，1（1）：1-18.

［3］《新型电力系统发展蓝皮书》编写组. 新型电力系统发展蓝皮书［R］. 2023.

［4］全球能源互联网发展合作组织，国际应用系统分析研究所，世界气象组织. 全球能源互联网应对气候变化研究报告［M］. 北京：中国电力出版社，2019.

［5］全球能源互联网发展合作组织. 2060 年前碳中和研究报告［R］. 2020.

［6］全球能源互联网发展合作组织. 全球能源互联网研究与展望［M］. 北京：中国电力出版社，2019.

［7］周孝信，赵强，张玉琼. "双碳"目标下我国能源电力系统发展前景和关键技术［J］. 中国电力企业管理，2021（31）：14-17.

［8］郭剑波，王铁柱，罗魁，等. 新型电力系统面临的挑战及应对思考［J］. 新型电力系统，2023（01）：32-43.

［9］AKPOLAT A N, HABIBI M R, DURSUN E, et al. Sensorless control of DC microgrid based on artificial intelligence[J]. IEEE Transactions on Energy Conversion, 2021, 36(3): 2319-2329.

［10］ALSHARIF A, NABIL M, MAHMOUD M M E A, et al. EPDA: efficient and privacy-preserving data collection and access control scheme for multi-recipient AMI networks[J]. IEEE Access, 2019, 7: 27829-27845.

［11］CUI SHICHANG, WANG YANWU, LI CHAOJIE, et al. Prosumer community: a risk aversion energy sharing model[J]. IEEE Transactions on Sustainable Energy, 2020, 11(2): 828-838.

［12］迟永宁，江炳蔚，胡家兵，等．构网型变流器：物理本质与特征［J］．高电压技术，2024，50（2）：590-604.

［13］高奇琦．国家数字能力：数字革命中的国家治理能力建设［J］．中国社会科学，2023，（01）：44-61+205.

［14］高扬，贺兴，艾芊．基于数字孪生驱动的智慧微电网多智能体协调优化控制策略［J］．电网技术，2021，45（7）：2483-2491.

［15］辛保安．为实现"碳达峰、碳中和"目标贡献智慧和力量［N］．人民日报，2021-02-23（10）.

［16］李立涅，张勇军，陈泽兴，等．智能电网与能源网融合的模式及其发展前景［J］．电力系统自动化，2016，40（11）：1-9.

［17］金炜，骆晨，徐斌，等．基于需求响应技术的主动配电网优化调度［J］．电力建设，2017，38（03）：93-100.

［18］GEIDCO, ESCAP, ACE. Energy interconnection in ASEAN[R]. ESCAP: Bangkok, 2018.

［19］INTERNATIONAL ENERGY AGENCY. Electricity 2024 Analysis and forecast to 2026, 2024.

［20］INTERNATIONAL ENERGY AGENCY. Enhancing China's ETS for carbon neutrality: focuson power sector[EB/OL]. (2022-05). https://www.iea.org/reports/enhancing.chinas-ets-for-carbon-neutrality-focus-on-power-sector.

［21］康重庆，杜尔顺，李姚旺，等．新型电力系统的"碳视角"：科学问题与研究框架［J］．电网技术，2022，46（03）：821-833.

［22］华为技术有限公司．电力数字化2030［R］．2024.

［23］全球能源互联网发展合作组织．全球清洁能源开发与投资研究［M］．北京：中国电力出版社，2020.

［24］全球能源互联网发展合作组织．三网融合［M］．北京：中国电力出版社，2020.

［25］WORLD ENERGY COUNCIL IN PARTNERSHIP WITH OLIVER WYMAN. World energy trilemma index 2022[R]. London: World Energy Council, 2022.

［26］辛保安. 为保障国家能源安全作出更大贡献［N］. 人民日报，2023-02-23（09）.

［27］陈国平，董昱，梁志峰. 能源转型中的中国特色新能源高质量发展分析与思考［J］. 中国电机工程学报，2020，40（17）：5493-5505.

［28］葛俊，刘辉，江浩，等. 虚拟同步发电机并网运行适应性分析及探讨［J］. 电力系统自动化，2018，42（09）：26-35.

［29］郭王勇. 智能配电网概论［M］. 北京：中国电力出版社，2024.

［30］国家电网有限公司. 新型电力系统数字技术支撑体系白皮书［R］. 2022.

［31］国家能源局. 能源绿色低碳转型典型案例汇编［R］. 2024.

［32］李晖，刘栋，姚丹阳. 面向碳达峰碳中和目标的我国电力系统发展研判［J］. 中国电机工程学报，2021，41（18）：6245-6259.

［33］刘振亚. 全球能源互联网［M］. 北京：中国电力出版社，2015.

［34］鲁宗相，李昊，乔颖. 从灵活性平衡视角的高比例可再生能源电力系统形态演化分析［J］. 全球能源互联网，2021，4（01）：12-18.

［35］庞骁刚. 加快提升科技创新实力助力世界一流企业建设［J］. 经济导刊，2021（11）：51-52.

［36］全球能源互联网发展合作组织. 电力数字智能技术发展与展望［M］. 北京：中国电力出版社，2020.

［37］舒印彪，张智刚，郭剑波，等. 新能源消纳关键因素分析及解决措施研究［J］. 中国电机工程学报，2017，37（1）：1-9.

［38］水电水利规划设计总院. 中国可再生能源发展报告2022［M］. 北京：中国水利水电出版社，2023.

［39］刘泽洪. 新型电力系统规划与运行［M］. 北京：中国电力出版社，2024.

［40］腾讯研究院，清华大学能源互联网创新研究院. 城市能源数字化转型白皮书［R］. 2023.

［41］周原冰，江涵，肖晋宇，等. 清洁低碳发展背景下跨国互联电力系统规划方法

［J］. 中国电力，2020. 53（10）：1-9.

［42］辛保安，郭铭群，王绍武，等. 适应大规模新能源友好送出的直流输电技术与工程实践［J］. 电力系统自动化，2021，45（22）：1-8.

［43］杨昆. 加快电力市场建设助力构建新型电力系统［J］. 中国电力企业管理，2022（13）：12-15.

［44］詹长江，吴恒，王雄飞，等. 构网型变流器稳定性研究综述［J］. 中国电机工程学报，2023，43（6）：2339-2357.

［45］张运洲，张宁，代红才，等，中国电力系统低碳发展分析模型构建与转型路径比较［J］. 中国电力，2021，54（03）：1-11.

［46］徐政. 新型电力系统背景下电网强度的合理定义及其计算方法. 高电压技术，2022. 48（10）：3805-3819.

［47］Y C, Z H, et al. Survey on large language model-enhanced reinforcement learning: concept, taxonomy, and methods[J]. IEEE Transactions on Neural Networks and Learning Systems, 2024, Early Access.

［48］文劲宇，周博，魏利屾. 中国未来电力系统储电网初探. 电力系统保护与控制，2022. 50（7）：1-10.

［49］中国南方电网有限责任公司. 数字电网推动构建以新能源为主体的新型电力系统白皮书［R］. 2021.

［50］周孝信，曾嵘，高峰，等. 能源互联网的发展现状与展望［J］. 中国科学：信息科学，2017，47（02）：149-170.

［51］辛保安. 为美好生活充电为美丽中国赋能［J］. 求是，2022（15）：59-64.